面向新文科专业建设计算机系列教材

Java
程序设计与数据分析

陶俊◎编著

清華大學出版社
北京

内容简介

当今，数据科学正在广泛影响社会，无论是企业还是高校，许多领域正通过数据分析揭示隐藏的知识，包括机器学习、自然语言处理、信息检索、数据可视化等交叉学科正在助推这一领域的发展。上述领域的持续进步逐步向文科领域渗透，极大地带动了文科教学和研究的发展，例如，数字人文、社会计算、数字治理、智慧文旅、应急情报、数据新闻等成为新文科发展的新兴亮点。Java 语言作为一门经典的编程语言，在面向对象程序设计和应用数据科学领域均有着卓越的表现。

本书旨在通过学习 Java 程序设计来引导读者将其与数据分析相结合，为培养新文科专业的交叉学科人才提供支持。全书共 13 章，介绍了变量，方法，条件控制，循环，字符串与数组，类与对象，面向对象的特性，继承、抽象类与接口，异常与输入输出，数据分析基础，Web 爬虫，机器学习与文本挖掘应用等内容。

本书适合管理类专业高年级本科生或研究生作为面向对象程序设计、Java 语言程序设计、数据科学导论、应用机器学习等相关课程的参考教材，也适合对 Java 语言编程以及数据分析领域感兴趣的读者参考。

图书在版编目(CIP)数据

Java 程序设计与数据分析/陶俊编著. —北京：清华大学出版社，2022.10
面向新文科专业建设计算机系列教材
ISBN 978-7-302-61562-0

Ⅰ.①J… Ⅱ.①陶… Ⅲ.①JAVA 语言－程序设计－高等学校－教材 Ⅳ.①TP312.8

中国版本图书馆 CIP 数据核字(2022)第 138470 号

责任编辑：袁勤勇　杨　枫
封面设计：杨玉兰
责任校对：韩天竹
责任印制：宋　林

出版发行：清华大学出版社
网　址：http://www.tup.com.cn，http://www.wqbook.com
地　址：北京清华大学学研大厦 A 座　**邮　编**：100084
社 总 机：010-83470000　**邮　购**：010-62786544
投稿与读者服务：010-62776969，c-service@tup.tsinghua.edu.cn
质量反馈：010-62772015，zhiliang@tup.tsinghua.edu.cn
课件下载：http://www.tup.com.cn，010-83470236
印 装 者：三河市天利华印刷装订有限公司
经　销：全国新华书店
开　本：185mm×260mm　**印　张**：12.25　**字　数**：271 千字
版　次：2022 年 10 月第 1 版　**印　次**：2022 年 10 月第1次印刷
定　价：39.00 元

产品编号：093948-01

前言

FOREWORD

本书是一本面向文科生、以Java为编程语言、以数据分析为应用特色的面向对象程序设计教材。近年来，人工智能、机器学习、自然语言处理、信息检索、数理统计、数据可视化等交叉学科正在影响社会并向文科领域广泛渗透，无论是在数字人文、社会计算、数字治理、智慧文旅、应急情报、数据新闻等新兴研究范畴，还是在大数据分析、社会系统仿真、应用统计学等科学研究方法层面，数据分析均成为新文科发展的亮点。放眼世界，全球产业、教育等正急速迈向数字化，一切与数字经济、数字治理、数字文化相关联的业务生态正成为当下炙手可热的风口，上述领域的决策离不开多源数据流的汇聚分析，其底层往往与程序密不可分。特别是伴随着各种大数据平台、机器学习新兴算法的图形用户界面和应用编程接口(API)不断涌现，程序设计的应用门槛越来越低，由此吸引了越来越多人士的参与，相关生态圈日趋成熟。

然而，现实中很多程序设计和数据科学教程涉及大量数学知识，试图通过大量数学符号将原理讲解得简洁严谨，同时体现一定的深度，但这忽视了非理工科读者的需求，特别是给广大文科生造成了障碍，甚至因看不懂公式而产生自卑心理，进而产生文科生无须编程的认识误区。必须指出，这不是文科生的问题，而是相关教材不适应大数据时代学生的多元需求。

文科生是否应该学习编程？这已经不是一个问题。但现实常呈现出两种典型极端影响文科生涉足：一种是"算法很难，文科生数学不好，因此学不了编程"；另一种是如今各种图形化工具插件都有，完全没有必要去学习如何编程。就后者而言，作为数字时代的基础工具，程序设计语言是理解数字社会、形塑数字时代的武器，如果不理解程序设计，很难与大量数字应用及产品进行交流，也就无所谓批判、进一步移植、改进和构建诸如数据分析的应用。对于前者而言，程序设计及其应用犹如"数学问题——程序设计算法——开源工具顶尖企业——中小企业二次开发——情境应用"，呈现出金字塔生态链。正如Apple系统产业链一样，最顶端的是Apple公司生产的各种产品以及产品底层的核心算法技术，而伴随着产品的问世，各种中下游生态都在支持Apple，包括产品的代工、产品外围的皮套、支架、耳塞、大屏显示器，以及基于外围产品的仿制品等。程序设计也一样，更多程序设计者是从事基于特定情境的二次开发乃至三次开发的工作，由于算法的普适性、方法的封装和信息隐藏机制，让更多人员不必了解复杂算法的细节，而只需了解相关算法的功能，会学习 API 文档并运用类库，进而去调用相关类库编写应用程序，或者运用成熟的开源系统框架和图形用户界面进行简要的部署和应用操作。大多数人学习编程并不是冲着创新算法去的，而是参与到上述生态链中。既然对算法细节无须了解，近年来，人文社科界不断诟病算法霸权，认为算法不仅要有追求效率的一面，也要有体现公平善治的一面，算法需要服务于社会实践目标，故要理性地看待算法，那么对数学公式的理解就不是必需的，为此，我们需要找到适合文科生阅读的教程。

同样是面向对象程序设计，基于因材施教的理念，文、理科学生使用的教材内容上应该是有区别的。但长期以来，相关教材基本由计算机或数学背景的教师编写，相关教师总体偏理工科思维，他们默认相关读者是面向理工科学生的。在数据科学高度发展的今天，程序设计及其应用的教材应该具有更广泛的适应性，特别是尊重文科生的学习体验，像包含众多数学知识的教材不仅会让文科生望而却步，也潜在制造了数字鸿沟，本质上影响了文科和理科的交叉融合。因此，需要高校教师开发出适宜文科生学习的相关教材。首先，面向对象程序设计的知识体系强调核心内容，如变量、方法、控制、类、继承、异常等。其次，通过更容易理解的实例降低计算思维层次。许多理科教材在实例方面试图提供更抽象化的数学知识讲授，特别强调计算思维的开发。文科生的核心目标是吸收面向对象编程的知识体系，适度抽象是程序设计的特点；但过于抽象，如各类复杂公式或算法穿梭其间则会造成学习程序设计核心知识的负担。

作为一门面向对象程序设计的入门课程，本书不需要其他课程作为知识基础，力求保持面向对象程序设计内容体例的完整性，运用更简明的实例来引导学生入门，由于程序设计是通过相关的输入输出在开发软件上实现的，可以即时反馈学习效果，调整学习重点，强化难点。本书的主要特色如下。

第一，利用 Java 语言讲授面向对象程序设计，强调知识体系的完整性。面向对象程序设计既可以采用 C++、Python，也可以采用 Java 语言进行讲授。在语言的入门难易程度上，Python 最易，C++ 更难，Java 语言难度适中；在语言的规范性上，Java 语言优于 Python，规范性高利于形成体系；同时，Java 语言有着广泛的插件、API 支持，无论是在科学分析，社会系统仿真（例如 AnyLogic、RePast 平台）还是面向企业级 Web 应用方面都名列前茅，尤其是后者更是常年高居第一。无论哪一种语言讲解面向对象程序设计，力求保持核心内容体例完整。

第二，理论与实践相结合，力求简明扼要，重点突出。本门课程特别强调抓住知识主干，强调基本概念、方法和源代码的学习。为了帮助读者更好地理解书中提及的关键概念，作者在本书的编写上力求采用简明的语言或实例进行讲解，并以术语表的形式在附录 A 列出。为了让文科生掌握程序设计的学习方法，作者撰写了《文科生如何入门编程》一文，呈现在了附录 B。本书的教学课件、源代码等电子资源可以在清华大学出版社官网下载。

第三，着眼于数据科学，以互联网数据分析、讲解 Java 程序设计的落地应用。学习一门编程语言，最终需要与实际需求相结合，本书选择以数据分析实践作为应用探索。之所以选取这一领域，主要考虑到大数据时代下数据分析的需求持续快速增长，而且相关的开源应用工具十分丰富，且数据分析可吸纳不同专业领域背景，是相对适宜于社会科学专业学生结合自身背景入门并激发兴趣的领域。

全书共13章，第1～6章为Java语言基础，第7～10章为面向对象程序设计，第11～13章为数据分析，全书由陶俊独立完成。本书的绝大部分内容曾面向西北大学管理类本科生或作为全校通识课进行讲授，借此机会，感谢西北大学提供的教学平台，向历届本科生对本人参与教学改革探索的包容表达由衷的谢意。最后，感谢清华大学出版社，为保证本书的如期出版，袁勤勇主任及其同事付出了辛勤劳动。

限于水平，本书的错漏之处在所难免，恳请广大师生批评指正。

作 者

2022年8月

目录

CONTENTS

Chapter 1

第 1 章

导　论

本章主要内容：

- 数据科学与程序；
- 什么是编程语言；
- 什么是调试；
- 形式语言与自然语言；
- 程序开发工具包。

今天，笔记本电脑、手机、平板电脑、手环、数字电视、讯飞智能办公本等各种移动数字产品随处可见，京东、高德地图、微信、网易云音乐等各种网络平台或移动客户端成为人们日常交易、出行或娱乐的重要组成部分。以上工具之所以能够发挥作用，其核心在于软件工具的支持。要编写软件工具就离不开程序设计语言。那么，上述数字产品、各类应用软件、移动客户端、程序和 Java、Python、大数据、数据科学这些内容存在何种联系呢？本章将就本书涉及的核心概念做有关介绍，然后引入面向对象程序设计的有关实例并介绍集成开发环境的安装。

1.1　数据科学与程序

数据无处不在。近十年来，“数据科学”和“大数据”的概念十分火爆。网购、旅行、交友、政府留言板，这些行为都离不开网络的参与，相关行为都会被记录并形成数据；同时，硬件和网络通信技术的快速发展使得我们拥有充足且成本相对低廉的计算能力；此外，高度发达的基金会和开源软件社区使得各种新兴算法能够嵌入不同项目库中供程序开发者和科研工作人员学习和使用。有数据、有算力（如芯片技术）、有开源工具，这为从事数据科学提供了良好的环境。除了互联网产生众多数据以外，社会实体行业也会源源不断产生各类数据，金融、政府、教育、地理、科学、医疗、生物信息、公共福利、零售等行业都会产生大量数据，数据在各行各业的影响力越发重要，部分行业所储存的信息达到了“大数据”的程度。

那么，究竟什么是“数据科学”？根据调研国内外近千份招聘数据科学家的职位要求发现,数据科学家往往被要求具备计算机科学、统计学、数据可视化和领域应用等知识。由于该要求太过宽泛,以致没有人能面面俱到。显然,这是一个交叉领域,更多的人往往是在某一方面十分擅长。总体来讲,计算机背景、数学或统计学背景、数据可视化背景(如地理、遥感等)是数据科学领域的主流,它们也构成了本领域的核心知识。

以计算机背景为例,更多聚焦于机器学习、信息检索、数据挖掘等相关领域,偏重软件和应用层面。然而,伴随着数据科学专业的诞生,修读数据科学专业和数据科学导论课的学生越来越多样。根据一份对美国哥伦比亚大学修读数据科学导论课程学生的调查,可以发现这些学生不仅有来自统计学、应用数据和计算机科学等院系的学生,同时还有来自社会学、新闻学、政治学、商学、环境工程、生物医学信息学、建筑学等院系的学生。显然,数据科学不仅面向理学和工学的学生,而且受到社会科学专业学生的广泛欢迎。我们浏览北美、欧洲、大洋洲及中国的数据科学硕士项目发现,相关课程体系并不全在计算机学院开设,数学、统计学、商学、图书情报等相关院系均有存在,但一般至少包含统计学、机器学习、可视化和领域特色中的 3 种及以上。在数学与统计类学院,在统计学领域的课程更丰富;计算机或信息学院,往往机器学习、大数据挖掘相关的课程更加集中;在特色类学院,往往特色课程具有亮点。本书致力于从应用机器学习程序开发与实践角度聚焦数据科学应用。有关数据分析、机器学习、数据挖掘、大数据分析等概念之间的关系参见 11.1.5 节。下面将目光聚焦到开展数据分析实践工作所必需的基础知识和技能上——程序设计。

什么是程序?程序是一系列指令,它告诉计算机如何执行一个计算。计算机程序,通常称为软件。没有程序,计算机是一台空的机器。计算机不懂人类语言,因此人们必须使用计算机语言与它交流。程序是由编程语言实现的。按照功能来划分,可将程序分为**操作系统程序**和**应用程序**两大类型。微软的 Windows、华为的鸿蒙系统、谷歌的安卓系统均是操作系统程序。狭义上的程序多指**应用程序**,微信移动客户端、京东网站等均属此类。口头上所说的程序基本上指狭义的程序。

综上所述,程序是说明如何执行计算的一个指令序列。相比于数学计算,程序设计中的计算被扩大化了。程序中的计算既可能是数学计算,如求解方程组、矩阵运算等各种数学问题,同时也可能是符号型计算,如字符串的连接或者替换文档中的文本等。

指令也称作语句(statement),它的格式因不同的编程语言而有所不同。但多数语言包括一些基本的操作。例如,输入、输出、函数运算、循环等。

输入:从键盘、文件或其他设备获取数据。

输出:在屏幕上显示数据,或者向一个文件或其他设备写入数据。

函数:通过获得相关的变量并执行一组解决某种特定问题的代码序列,如求最大值函数。在 Java 语言中,函数也称为方法。

测试:检测特定条件并运行适当的语句系列。

循环:重复性地执行某个动作,通常包括一些可变量,如火箭发射时的倒计时系统。

我们使用的每个程序，不管多么复杂，都是由执行这些基本操作的语句组成的。因此，描述程序设计的一种方法便是将大的、复杂的任务分解成小的子任务，直到这些子任务足够简单，可以被这些基本操作中的一种操作完成为止。

1.2 编程语言

程序由编程语言实现。Java 语言是一种高级编程语言，你可能听过或学习过其他的高级编程语言，如 Python、C、C++ 等。TIOBE 网站每月会发布高级语言排行榜趋势，显示各种高级语言在市场的占比情况，Java 语言常年位居前三，名次相对稳定。高级语言是相对于机器语言或者汇编语言等低级语言而言的。从本质上说，计算机只能够执行由低级语言编写的程序。由高级语言编写的程序必须先被翻译成低级语言才能够运行。但是，低级语言在学习和开发上将花费更加高昂的成本，而且效率比较低。所以，相比于高级语言其他方面的优点，翻译过程可能带来的不便可以忽略不计。

高级语言是容易阅读和修改的语言，它吸收了日常表达的特征。由于便于阅读和修改，使用高级语言进行编程就容易得多。与此同时，高级语言具有可移植性，它可以在几乎不修改代码的情况下运行于多种计算机平台。相比之下，低级语言只能在一种计算机上运行，如果要在另一种计算机上运行，则需要重新编码。正因此，大多数程序都是用高级语言编写的。将高级语言转化为计算机可处理的低级语言需要进行翻译，通常有解释和编译两种方式。完成解释任务的程序叫作解释器，完成编译任务的程序叫作编译器。通常，编译过程是一个单独的步骤，程序的运行是在编译过程之后。高级语言编写的程序称为源代码程序，经编译器生成的程序称为目标代码或者可执行程序。

Java 语言编写的程序既需要编译，也需要解释。和其他语言不同的是，Java 的编译过程不生成机器语言，而是生成字节码(byte code)。字节码和机器语言一样，可以被容易地解释，但同时又像高级语言一样具有可移植性。Java 源代码保存在文件扩展名为 java 的文件中。本地编译器 Javac 指令编译程序，并生成包含字节码的 class 文件。通过运行 Java 解释器来解释字节码。解释器也称为虚拟机。Java 运行机制如图 1-1 所示。

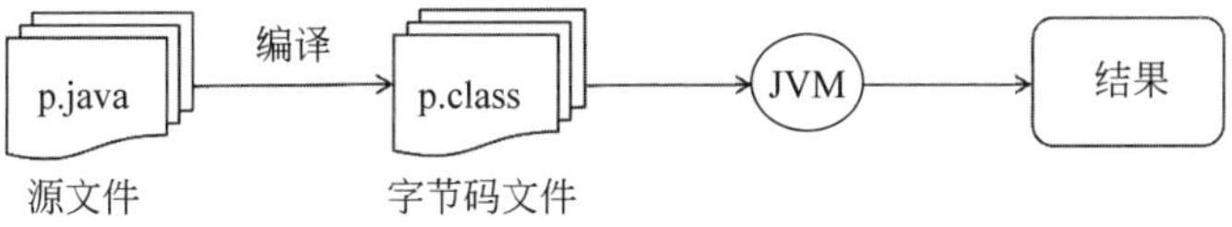

图 1-1　Java 运行机制

企业级应用程序开发是在被称作集成开发环境(Integrated Development Environment，IDE)的软件工具中进行的，例如，Eclipse 软件。上述过程已经被高度整合并实现了简洁化。IDE 是用于提供程序开发环境的应用程序，一般包括代码编辑器、编译器、调试器和图形用户界面等工具。通常只需要编写源代码程序，然后单击一个按钮就能完成程序的编译和运行。Java 程序的输入可以来自标准输入、命令行参数、图形用户界面(GUI)组件、文件输入 4 种不同方式。

1.3 调　　试

只要编写程序代码,就难免会出错。程序中隐藏的未被发现的错误叫作漏洞(bug),跟踪和修改 bug 的过程叫作调试(debugging)。程序中存在以下 3 种类型的错误。

(1) **语法错误**。语法是程序的结构和关于该结构的一些规则。如果程序代码没有按照语法规则来正确地书写,编译器将不能完成编译任务,进而导致出错。例如,程序结束必须以“;”表示一句话完成,如果没有分号就会出错。

(2) **逻辑错误**。也称为语义错误。当程序中存在这样的错误时,编译过程虽然能够完成,也不会生成错误信息,但程序却不能正确地完成工作。具体来说,程序是按照所写的代码去执行的,但问题出在所写的程序并不能准确地表达意图。也就是说,此时的程序从语义上讲是错误的。

(3) **运行错误**。这类错误的特点是直到程序运行时才会出现。在 Java 中,解释器在执行字节码的过程中发生的错误称为运行错误,也称为异常(exception)。在多数情况下,当异常发生时,通常会有窗口或对话框弹出以显示此时程序正在进行的操作。这些信息对于调试来说是很有用的。

学习 Java 语言,首先要避免语法错误,同时要防止逻辑错误,最后要理解运行错误。本书会在第 10 章围绕运行错误讲解 Java 语言的异常体系。

在集成开发环境下,语法错误在一开始就可以被识别,运行错误则在运行以后会被识别。语法错误不仅表现在可见的部分,同时也表现在一些不可见的部分。例如,图 1-2 是一段 Java 语言程序代码的截图。

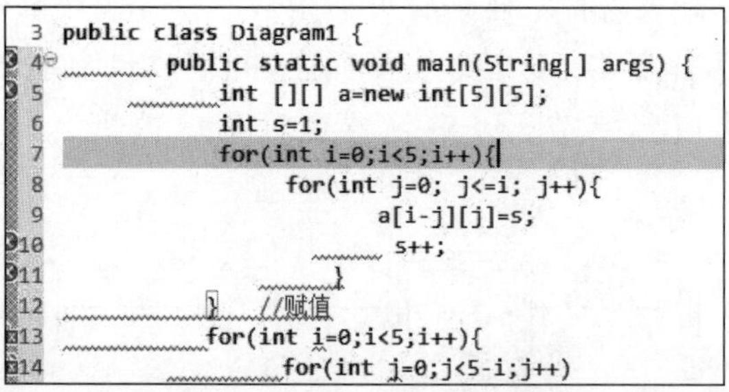

3 public class Diagram1 {
4 public static void main(String[] args) {
5 int [][] a=new int[5][5];
6 int s=1;
7 for(int i=0;i<5;i++){
8 for(int j=0; j<=i; j++){
9 a[i-j][j]=s;
10 s++;
11 }
12 } //赋值
13 for(int i=0;i<5;i++){
14 for(int j=0;j<5-i;j++)

图 1-2 Eclipse 中 Java 语言程序代码的错误高亮显示

图 1-2 中行号前面的叉号(软件中以红色显示)是在集成开发环境 Eclipse 软件中出现的语法错误高亮提示。这些错误是因为在汉字编码下输入的空格字符造成的错误。编程过程中,英文字符和汉字所占用的字符编码不同,如果使用不当则将造成错误。因此,开发程序需要多加实践,以此积累更多经验,同时调试也相当重要,需要细心和耐心。

1.4 形式语言和自然语言

自然语言是指人类所说的语言，如中文、英语、法语等。自然语言并不是由人类设计的，而是在长期的生产生活中自然演化形成的。形式语言是人类为了某种应用上的需要而专门设计的。例如，数学中的各种记号、化学中的分子式便是形式语言。**编程语言是一种用来表达计算的形式语言，形式语言对语法有严格的规定**。学习 Java 程序设计，掌握 Java 语法规则是其中的核心内容。

形式语言和自然语言有很多相似特征，如均有记号、结构、语法和语义等内容。但它们在实践中又有明显区别。主要体现在非歧义性和冗余性上。自然语言是在实践中形成的，往往充满了多义性，同时由于口语表达，以及各种修饰，自然语言往往有更多冗余。相反，程序语言作为一种形式语言，力求简明准确，一条语句只能表达一种含义，逻辑性强，简洁且冗余性低。精确性、无冗余、逻辑性强有助于更好地编写程序，但对于学习者而言，它提升了学习门槛，需要结合教材、课堂听讲和课外大量实践去钻研。

1.5 第一个程序

例 1-1 使用 Java 语言实现控制台输出一句话：欢迎来到 Java 课堂！

```
//第一个程序
package ch1;
public class HelloWorld {
    public static void main(String[] args) {
        System.out.println("欢迎来到 Java 课堂! ");
    }
}
```

如上，先将程序保存在源文件为 HelloWorld.java 中，然后编译并运行程序。注意，Java 源文件必须与类名相同。如果在 DOS 命名下执行程序，则有下列命令：

```
javac HelloWorld.java
java HelloWorld
```

在集成开发环境 Eclipse 中，以上两种命名进行了集成，只需通过单击 run 命名就可以完成以上两步并输出结果。

1.5.1 注释

注释的作用在于提高程序的可读性，便于团队成员之间或者对外不同程序员之间的交流。阅读注释的人一般包括需要修改或使用这些代码的其他程序员。Java 有 3 种格式的注释。

第一种称为多行注释，注释以/＊开始，到标记＊/结束。该注释不能在其中再次嵌套注释。例如：

```
/*本章是导论;
    这是第一个程序的注释
*/
```

第二种格式称为行注释，从标记//开始，没有结束标记。只要在一行，凡是//以后的内容均不执行编译。上例中"//第一个程序"即是行注释。

第三种格式为文档注释，以/**开始，＊/结束，开始处有两个星号，而不是/＊，这种格式可为javadoc实用程序提供信息，使用这些实用程序可将注释生成文件。

以上3类注释，在Java编程过程中，单行注释使用最多，其次是多行注释。

1.5.2 包名

包表示源文件所存放的文件夹地址。package ch1;表示HelloWorld源程序文件放在项目当前文件下的名为ch1的文件夹下面。

1.5.3 main()

Java程序由包含方法的大量类集合组成。类集合包含类的定义和使用。当程序要运行，意味着将使用有关代码，此时将启动main()，依据main()方法体中的代码依次执行。main()方法是包含一系列程序的集合。作为一种特殊方法，一个应用程序有且仅有一个main()方法。当程序运行时，main()方法中的第一行语句开始执行直到运行到该方法的最后一个语句结束。如果main()方法不包含有关的外部类和方法，即使该类或方法定义了，也不会被执行。main()方法是一种被public static所修饰的静态方法，第8章会对静态方法相关的内容进行展开介绍。

1.5.4 终端输出

println是Java语言的主要输出机制。例1-1通过应用println方法，将双引号中的字符串常量放入标准输出流System.out。System.out.println是Java类库提供的方法。类库(library)是类定义和方法定义的集合。第10章会更详细地讨论输入和输出。

1.6 程序开发工具包

开发Java语言程序需要安装JDK开发工具包。因在互联网编程中的广泛影响，JDK规范不断向前发展，截至2021年9月，JDK已经发行到JDK17，其中，1998年的JDK1.2，2004年的JDK5和2014年的JDK8影响较大。自2018年以来，JDK调整更新频率，每隔半年更新一次，其版本迭代迅速，一定程度反映了相关标准的不成熟。据有关统计，尽管发行了诸多版本，目前市场上广泛使用的版本仍然以JDK8居多。当然，随着未来持续发展，JDK8 逐步会被新的版本所取代。长期支持(LTS)是一种产品生命周期管理策略，与标准版相比，计算机软件的稳定版本可以维持更长的时间。根据 Oracle 官方显示，自 JDK8 以来，LTS 版本一共推出了 3 个长期支持版本，JDK8、JDK11 和 JDK17。因此，在安装 JDK 时，推荐安装以上 3 个版本。

为了提高开发效率，便于发现有关错误，建议安装一个集成开发环境(IDE)，它集成了代码编写功能、分析功能、编译功能、调试功能等一体化的开发软件服务功能。Eclipse、IntelliJ IDEA、Netbeans 均是市场上颇受欢迎的 Java 集成开发环境，在 Java 开发中常年名列前茅。Eclipse 软件在针对 Java 语言的集成开发环境的使用中经久不衰，具有广泛影响；JetBrains 提供的 IntelliJ IDEA 由于提供良好的生态支持，近年来颇受 Java 集成开发环境用户的欢迎，这一款集成开发环境和面向 Python 开发的知名集成开发环境 PyCharm 平台同属 JetBrains 公司，相关集成开发环境赢得了广泛的市场份额。

1.6.1 JDK 的下载与安装

首先，登录网站 https://www.oracle.com/java/technologies/downloads/，如图 1-3 所示。最新 JDK 开发工具是 JDK17。需要安装的是 JDK 的标准版 Java SE Development Kit。平台提供了针对 Linux、macOS、Windows 三种操作系统的下载，用户可根据自己的计算机按需选择。

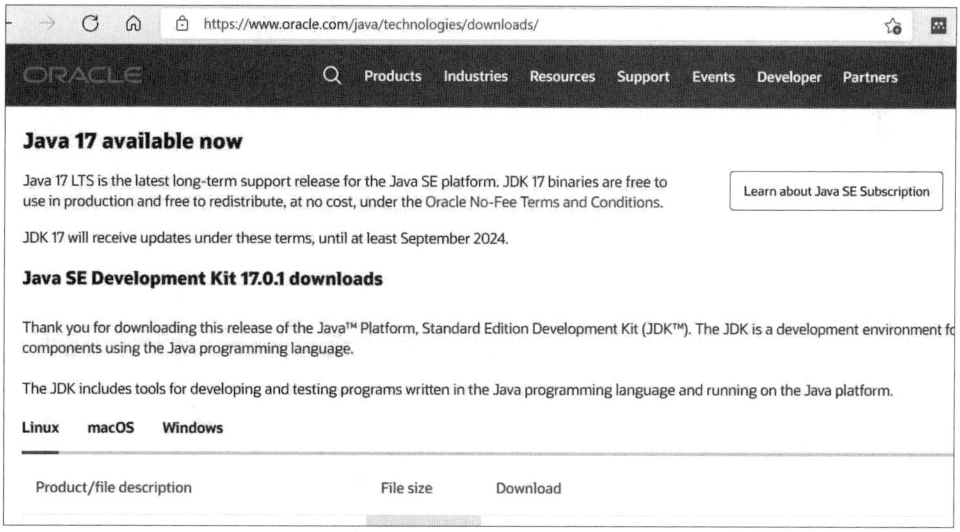

图 1-3 JDK 下载界面

这里以 Windows 为例，选择 Windows 选项卡，进入下载界面，如图 1-4 所示。

它提供了 Compressed Archive、Installer 和 MSI Installer 三种安装版本。

Compressed Archive 为二进制包，是已编译好的、可直接使用的程序，文件扩展名为 zip 的压缩文件。下载该软件包后可自主将该软件放到任意位置，然后解压缩即可使用，如 c:\java \jdk17。

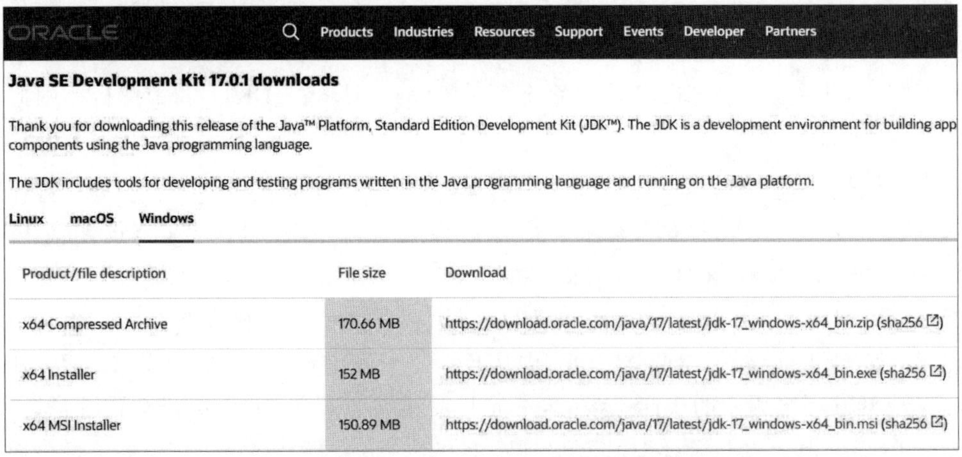

图 1-4 面向 Windows 操作系统的不同下载版本

Installer 是可执行安装程序，双击 exe 文件即可根据提示对话框引导用户设置安装路径正常安装。

MSI 是 microsoft installer 的简写，也是安装程序。与扩展名为 exe 的 Installer 文件相比，msi 安装包文件更易于开发，开发 exe 文件要编写与安装、修改、卸载相关的诸多内容，而 msi 把这些功能都集成化了。在功能上，exe 文件主要用于检查安装的环境，当检查成功后，会自动安装 msi 文件。

三个版本在安装上大同小异，择其一即可。这里选择下载 binary 文件，将其存放在 c:\java\jdk17。

1.6.2 集成开发环境的安装

1. Eclipse 安装

通过登录 http://www.eclipse.org/downloads/packages 进入 Eclipse 网站，选择 Eclipse IDE for Java Developers，然后根据自己的操作系统选择右边的 Windows、macOS 或者 Linux，如图 1-5 所示。

下载后将其放在适当位置，解压缩，即可使用，这里选择放在 C:\eclipse\下。

进入 Eclipse 文件夹，选择启动文件图标，刚开始需要设置工作台(workspace)。未来相关的项目文件均存放到这个工作台下，如图 1-6 所示。这里将工作台安装路径设置为 C:\eclipse\workspace。

设置完成后，双击 eclipse 图标启动 Eclipse 软件，可以得到集成开发环境的欢迎界面，如图 1-7 所示。

至此，就可以在 Eclipse 平台中开发 Java 应用程序了。

Java 集成开发环境除了广受欢迎的 Eclipse 软件以外，近年来 IntelliJ IDEA 在市场占有率上稳步提高，受到开发用户的广泛关注。如对此环境感兴趣，可选择 IDEA。

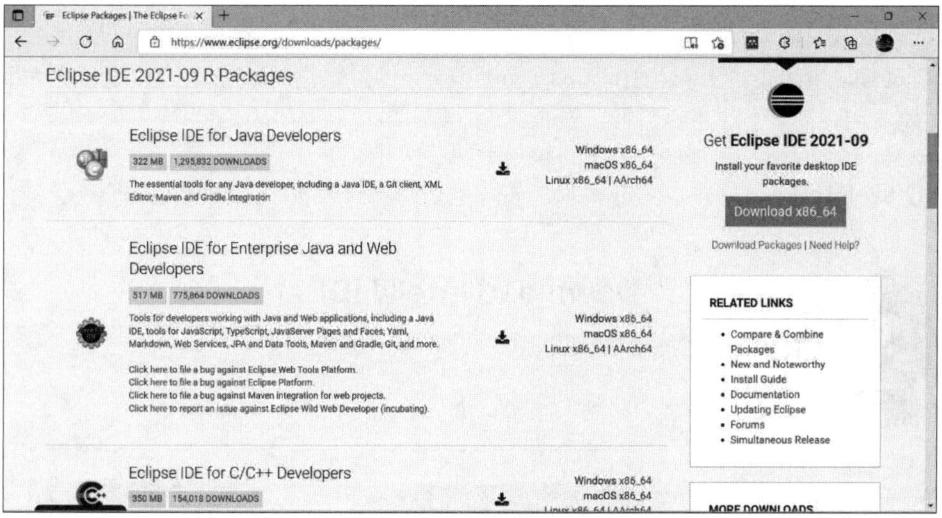

图 1-5　集成开发环境 Eclipse 下载界面

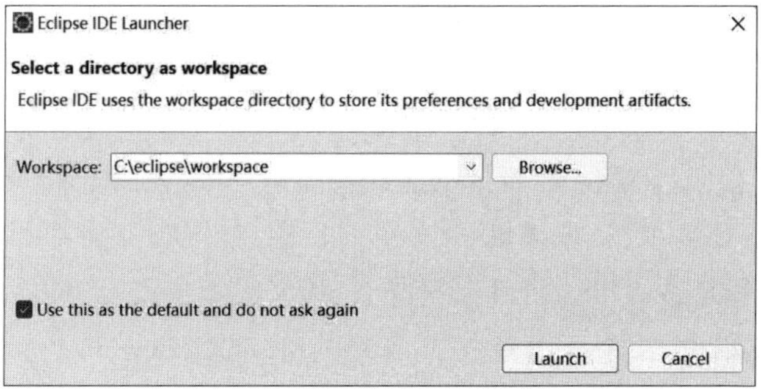

图 1-6　设置工作台安装路径

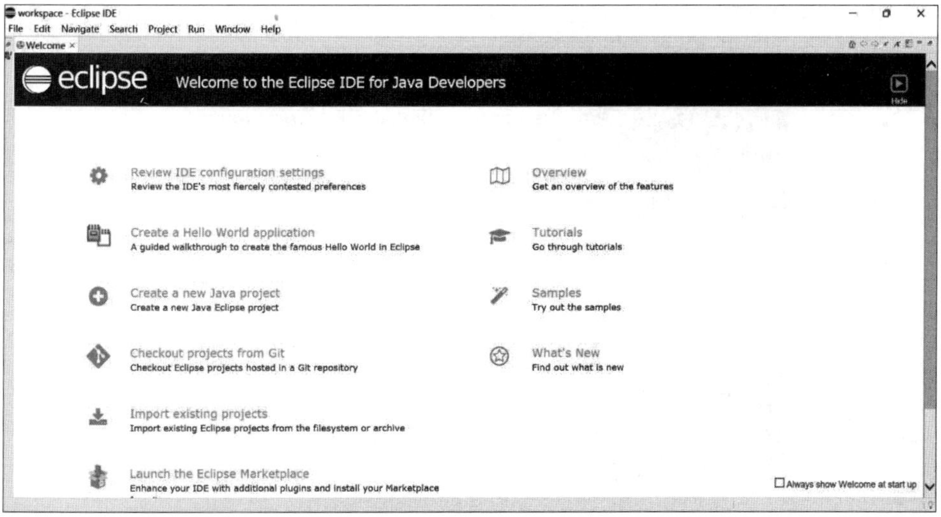

图 1-7　集成开发环境的欢迎界面

2. IntelliJ IDEA 安装

通过登录 https://www.jetbrains.com/idea/download/，得到如图 1-8 所示的界面。

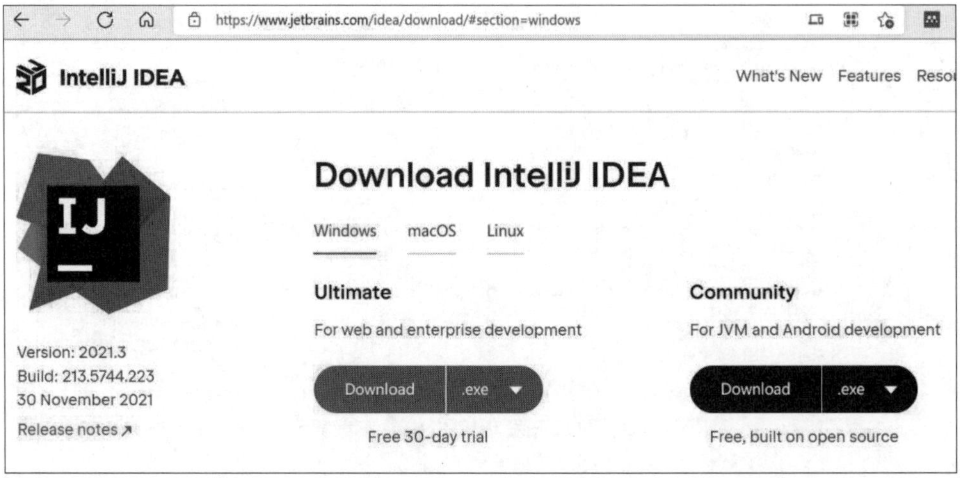

图 1-8 IntelliJ IDEA 下载界面

IntelliJ IDEA 是 JetBrains 公司的产品，该公司总部位于捷克首都布拉格，开发人员以严谨著称的东欧程序员为主，在版本上有旗舰版(Ultimate)和社区版(Community)两种。旗舰版更全面，需要购买，但提供 30 天免费试用；社区版保障基本核心需求，为开源免费，学习 Java 编程足够使用。在语言支持上，社区版支持 Java、Kotlin 等少数语言，旗舰版除了以上语言外，还支持 HTML、CSS、PHP、MySQL、Python 等。

目前的最新版本为 2021.3 版本，操作系统上提供了 Windows、macOS、Linux 三种支持版本。在文件版本上提供了二进制压缩文件(zip)和可执行文件(exe)两种选择，默认为 exe。这里选择社区版的 exe 版本下载，其安装过程如图 1-9～图 1-11 所示。

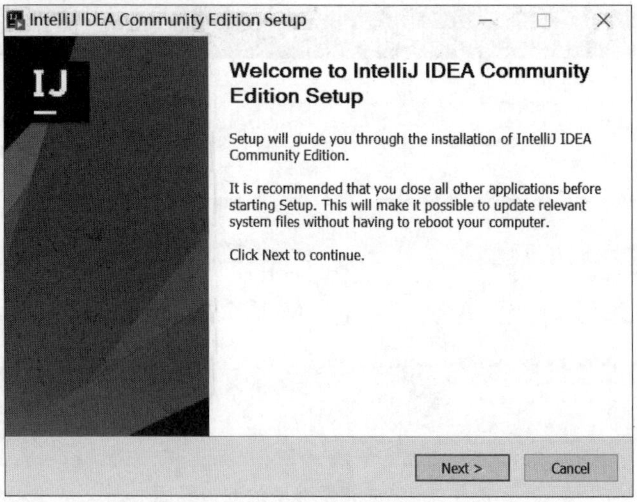

图 1-9 安装 IntelliJ IDEA

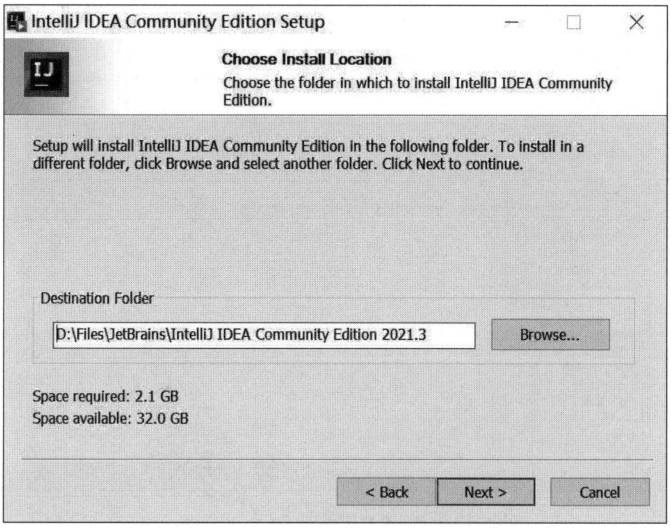

图 1-10 设置 IDEA 安装路径

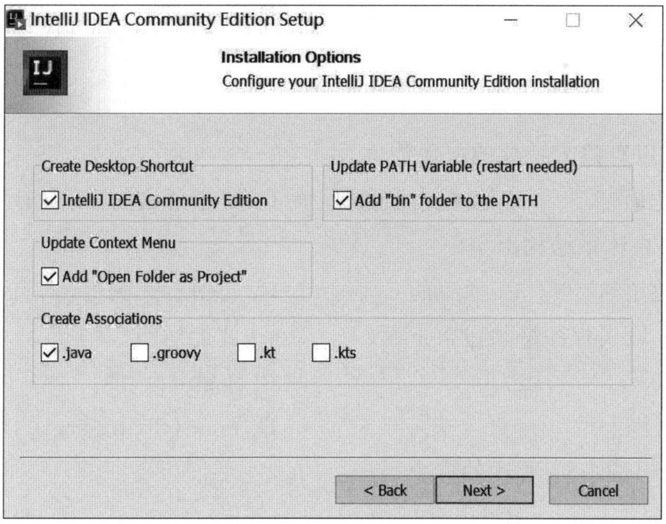

图 1-11 IDEA 配置界面

设置文件的安装路径，其界面如图 1-10 所示，例如 D:\Files\JetBrains\IntelliJ IDEA，单击 Next 按钮进入配置界面，如图 1-11 所示。

这里最重要的是要勾选图 1-11 所示界面中的关联文件（Create Associations）选项，由于本软件用于编写 Java 应用程序，所以.java 需要勾选。单击 Next 按钮，选择启动菜单文件夹，这里默认不变，单击 Install 按钮，完成安装，如图 1-12 所示。

至此，就可以双击程序图标在集成开发环境 IntelliJ IDEA 中编写 Java 应用程序了。

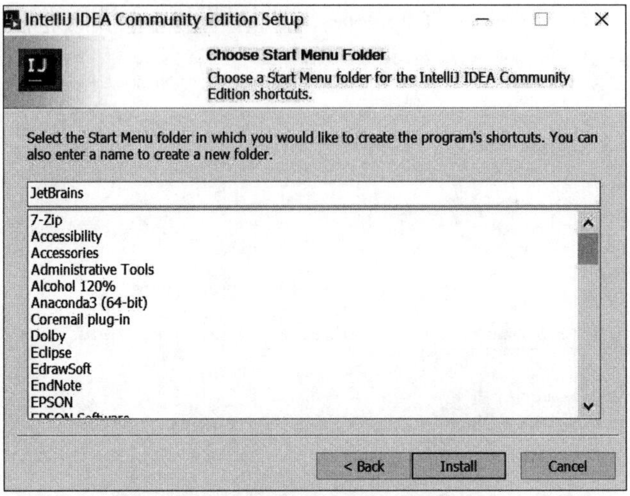

图 1-12　创建 IDEA 启动菜单文件夹

本 章 习 题

一、选择题

1. (　　)是以对象为特征的程序语言。

A. 过程化语言　　B. 面向对象的语言　　C. 机器语言　　D. 以上都不是

2. Java 语言在体系结构上是(　　)。

A. 过程化语言　　B. 抽象的　　C. 与平台无关的　　D. 特定的

3. 所有 Java 应用程序必须包含下面(　　)方法才能运行。

A. start()　　B. begin()

C. class ()　　D. main(String args[])

4. 执行编译好的 Java 程序的命令是(　　)。

A. javac　　B. java　　C. run　　D. execute

5. Java 源代码文件可使用下列(　　)扩展名存储。

A. java　　B. javac　　C. javax　　D. src

二、填空题

1. Java 程序有________和________两种类型。

2. 现有一个 Java 类 MyJava，其权限为 public，则包含该类的 Java 程序文件名为________；用 javac 命令编译后，得到类文件是________；要运行该程序，在命令行环境下应输入________命令。

3. 在 Eclipse 集成开发环境中开发 Java 程序，先要选择________菜单创建 Java 项目，然后选择________菜单在 Java 项目中新建 Java 类，接着编写程序代码，之后选择

________菜单或单击________按钮运行程序。

4. 通常,主类程序都有一个________方法,它是 Java 应用程序执行的入口。

三、简答题

1. 与其他高级语言比较,Java 语言有什么特点?

2. Eclipse、IDEA 和 Netbeans 均是集成开发环境,试比较它们三者之间的区别。

四、编程与实践

在计算机上安装 JDK 和集成开发环境 Eclipse,编写一个主类名为 MyJava 的 Java 程序,输出一行文字“这是我编写的第一个 Java 程序”,并在 Eclipse 软件中运行。

第 2 章 Chapter 2

变　　量

本章主要内容：

- println and print 语句；
- 变量；
- 赋值语句；
- 打印变量；
- 数据类型；
- 关键字与标识符；
- 运算符与表达式；
- 拼接运算。

对于大多数现实问题，程序可以将其理解为通过定义有限的变量来求解一个函数，类似于 y=f(x1,x2)。这里 y,x1,x2 均是变量。在 Java 程序设计中，变量、函数这些数学中涉及的基础概念，在程序设计中同样存在，而且它们是程序设计的基本概念。因此，如何定义和使用变量是基础。作为 Java 语言基础的起始章节，本章还介绍了赋值语句、关键字和标识符、运算符和表达式、拼接运算等 Java 语法基础知识。

2.1 输　　出

从程序过程来看，程序是对一定规范的输入，在有限时间内获得所要求的输出。因此，定义变量，引入数据是输入，输出则是计算后的结果。最简单的程序可以不包括输入，但一定包含输出。通常情况下，程序使用 println()或 print()函数来实现输出，例如下面的程序要求输出一行或多行字符串。

例 2-1　试分别输出以下 3 句话：

你好，中国！

珠峰

苍山洱海

```
class App2_1{
```

```
    public static void main(String[] args) {
        System.out.println("你好,中国!");          //输出一行
        System.out.println("珠峰");
        System.out.println("苍山洱海");            //输出多行
    }
}
```

输出结果为

```
你好,中国!
珠峰
苍山洱海
```

以上实例中，println()中用双引号表示的短语集合称为**字符串**，它们由一系列字符集合组成。字符串中可以包含字母、数字以及其他各种特殊字符。

println 是 print line 的缩写。它表示在增加一行后，其光标将自动移到下一行。等下一次 println 被调用时，新行字符串的内容将在下一行。如果只用一行显示，采用 print。举例如下。

例 2-2　试分别采用 print()和 println()方法实现一行输出"黄河，我是长江！"。

```
class App2_2{
    public static void main(String[] args) {
        System.out.print("黄河, ");
        System.out.println("我是长江!");
    }
}
```

输出结果为

```
黄河, 我是长江!
```

如果将多个值输出在同一行，需要采用多个 print 语句，最后一行以 println 结束。

在许多环境下，print 只负责存储而不负责显示，直到 println 方法被调用，此时所有的行被输出。如果未采用 println，程序可能不会展示前面 print 存储的内容而终止。

2.2　变　　量

变量是用于存储数值的已命名的存储地址。可以对数值进行打印、存储等操作。如"Hello，World""Goodbye"都是数值。为了存储数值，需要先创建变量。例如：

```
String t;
```

以上语句叫作声明。它声明了一个名为 t 的变量，类型为 String。

声明一般由类型和变量名称组成。每一个变量都需要一个类型来决定其可以存储什

么类型的数值。int 可以存储整型，char 可以存储字符，String 可以存储字符串。

试声明一个整型变量 x。

```
int radius;                    //将 radius 声明为整型变量，int 是 integer 的缩写
char a;                        //将变量 a 声明为字符型，char 是 character 的缩写
```

有些数据类型名称的首字母是大写，有些则是小写。注意，没有像 Int 和 string 这样的类型。以下声明不合法：Int radius; string t。

通常，为变量所起的名字应该表明打算用该变量做什么，这样有利于交流。例如：

```
String firstName;
String lastName;
int hour, minute;              //声明多个变量
```

以上 hour 和 minute 之间用逗号连接，表示声明多个 int 变量，只用一个数据类型，承前省略。

第 32 届夏季奥林匹克运动会于 2021 年 7 月 23 日在东京开幕，假定求五环（见图 2-1）的面积，怎样用变量声明半径和面积？

图 2-1　五环

2.3　赋值语句

在创建了变量后，便可用变量来存储数值了。为变量存储数值是通过赋值语句来完成的。

```
radius = 1;                    //将 1 赋值给 radius
a = 'A';                       //将 'A' 赋值给 a
```

2.4　打印变量

当没有声明变量，直接采用 System.out.println()或 print()方法输出，它是标准化输出，不经过内存。一旦声明变量，然后采用 println 或 print，相关的数据是经过内存运算的，然后才输出相应的结果。当定义变量后，可以打印变量的数值。举例如下。

例 2-3　试声明一个字符串变量并赋值，并通过字符串变量输出赋值结果。

```
class App2_3 {
```

```
    public static void main(String[] args) {
        String firstLine;                         //创建变量
        firstLine = "长城,兵马俑!";                //赋值
        System.out.println(firstLine);            //打印变量
    }
}
```

要注意区分值和变量的名字。常说的“打印变量”,事实上是打印变量的值。如需打印变量的名字,那么需要用双引号将变量名括起来。

```
String firstLine;
firstLine = "长城,兵马俑!";                        //赋值
System.out.print("第一行的值是:");                  //打印变量值
System.out.println(firstLine);                    //打印变量名,输出值
```

输出结果为

```
第一行的值是:长城,兵马俑!
```

2.5 数据类型

如前所述,变量是用于存储数值的已命名的存储地址。变量有如下 3 个维度:数据类型、变量名和变量值,如图 2-2 所示。

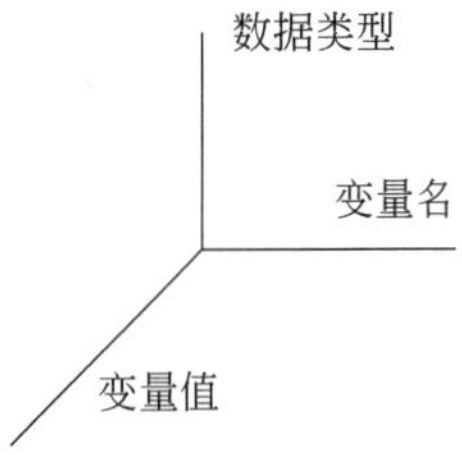

图 2-2 变量的 3 个维度

程序在执行的过程中,需要对数据进行运算,也需要存储数据。数据存储在内存的一块空间中,为了取得数据,必须知道这块内存空间的位置,程序设计语言用变量名来代表该数据存储空间的位置。将数据指定给变量,就是将数据存储到对应的内存空间;调用变量,就是将对应的内存空间中的数据取出来用。一个变量代表一个内存空间,由于数据存储所需要的内存容量各不相同,不同的数据就必须要分配不同大小的内存空间来存储,Java 语言要求对不同的变量声明不同的数据类型,进而划分不同的内存大小存储数据。数据类型定义了数据的性质、取值范围、存储方式以及对数据所能进行的运算和操作。

Java 语言中的数据类型分为基本数据类型(primitive types)和引用数据类型(reference types)两类。基本数据类型是由程序设计语言系统所定义、不可再划分的数据类型。每种基本数据类型的数据所占内存的大小是固定的,与软硬件环境无关。基本数据类型在内存中存放的是数值本身。**在 Java 中,除了基本类型之外,所有其他类型都是引用类型。引用类型包括字符串、数组、类和文件流。引用数据类型用于定义引用变量,它用来存储对象所在的内存地址。**对象(object)是任何非基本类型的实例。如前所述,引用变量存储对对象的引用,而基本类型的处理是按值(value)进行处理的。

基本数据类型有整型、浮点型、布尔型和字符型,Java 语言定义了 4 种整型、2 种浮点

型、1 种布尔型和 1 种字符型，它们的分类及关键字如下。

- 整型：byte、short、int、long。
- 浮点型：float、double。
- 布尔型：boolean。
- 字符型：char。

首先从基础的整型类型讲起。Java 语言的整数有 3 种进制的表示形式。

- 十进制：用多个 0～9 的数字表示，如 123 和－100，其首位不能是 0。
- 八进制：以 0 打头，后跟多个 0～7 的数字，如 0123。
- 十六进制：以 0x 或 0X 打头，后跟多个 0～9 的数字或 a～f 的小写字母或 A～F 的大写字母，a～f 或 A～F 分别表示值 10～15，如 0X123E。

Java 语言定义了 4 种表示整数的类型：字节型(byte)、短整型(short)、整型(int)和长整型(long)。整数类型如表 2-1 所示。

表 2-1 Java 语言的整数类型

类型	数据位	范围
byte	8	－128～127，即 $-2^7 \sim 2^7-1$
short	16	－32 768～32 767，即 $-2^{15} \sim 2^{15}-1$
int	32	－2 147 483 648～2 147 483 647，即 $-2^{31} \sim 2^{31}-1$
long	64	－9 223 372 036 854 775 808～9 223 372 036 854 775 807，即 $-2^{63} \sim 2^{63}-1$

通过对变量的 3 个维度进行一定的组合可以实现多种常见应用。

变量声明：“变量数据类型 变量名；”，例如，“int radius；”。

变量赋值：“变量名＝变量值；”，例如，“radius ＝ 5；”。

变量初始化：“变量数据类型 变量名 ＝ 变量值；”，例如，“int radius ＝ 5；”。

在日常生活中，人们接触的文本数据大体可以分为两类，处理数字的和处理文字字符的数据。前者属于数学问题中的各类运算。但在程序设计的世界里，计算机不仅要处理数学运算，同时还要处理字符一类的运算。从这个角度说，计算机处理的边界大大拓宽了。我们已经以整数类型为例学习了数字类型，接下来从数据类型、变量名和变量值的维度学习字符相关类型，其代表是字符串型 String。

字符串是由一系列字符并通过双引号标记的内容，其变量名称遵循一般的变量命名原则，字符串的数据类型为 String，它的首字母 S 要求大写，与一般的基本数据类型首字母不同。字符串类型不属于基本数据类型，而属于引用数据类型，它本质是一个类(class)。字符串的值由英文双引号标记。

变量命名遵循自主命名原则。Java 语言要求区分大小写，同时变量名称最好具有一定的可读性，尽量有意义。

2.6 关键字与标识符

无论是变量命名、文件命名还是类的名称，都遵循自主命名原则，但并不意味着可以任意命名，Java 中保留了一些单词来通知编译器如何解析程序，如果这些单词用作变量名称或其他，编译器就不知道怎么办了。这些单词称为**关键字**，包括 public、class、void、int、extends、abstract、implements 等，如表 2-2 所示。伴随着 Java 语言版本的更新，关键字也在更新。

表 2-2 Java 语言的主要关键字

abstract	assert	boolean	break	byte	case
catch	char	class	continue	default	do
double	else	enum	extends	false	final
finally	float	for	if	implements	import
instanceof	int	interface	long	native	new
null	package	private	protected	public	return
short	static	super	switch	synchronized	this
throw	throws	transient	true	try	void
volatile	while	var			

变量名统称为标识符(identifier)。**标识符是用来表示变量名、类名、方法名、数组名和文件名的有效字符序列**。也就是说，任何一个变量、常量、方法、对象和类都需要有名字，这些名字就是标识符。标识符可以由编程者自由指定，但是需要遵循一定的语法规定。标识符要满足的规定如下。

(1) 标识符可以由字母、数字、下画线(_)或美元符号($)组合而成。

(2) 标识符必须以字母、下画线或美元符号开头，不能以数字开头。

在实际应用标识符时，应该使标识符能在一定程度上反映它所表示的变量、常量、对象或类的意义，这样程序的可读性会更好。

2.7 运算符与表达式

运算符是用来表示计算过程的程序符号。表达式是表示变量和运算符相结合的运算。操作数(operand)是运算符的作用对象。例如：

```
radius * radius * 3.14;
```

这里除乘法运算符 * 以外的内容均为操作数，包括变量和常量。

变量表达式是变量和表达式组合在一起计算出一个新值。例如：

```
area=radius * radius * 3.14
```

赋值语句语法：

变量=表达式;

除了少数特殊运算以外，Java 中的多数运算符都是常用的数学符号，因此会按照大家所期待的那样去工作，如+、-、*(乘)、/(除)运算。在以上运算中，除法运算与传统数学运算有区别。例如：

```
int hour, minute;
hour=11;
minute=59;
System.out.println("一小时过去的部分:");
System.out.println(minute/60);
```

输出结果为

```
一小时过去的部分:
0
```

Java 执行的是整数除法，即当两个操作数都为整数时，结果为整数。至少一个操作数为小数时，结果才为小数。在程序设计中，一般称小数为**浮点数**。经常用 double 类型表示浮点类型，它称为双精度浮点数，也是默认浮点类型，另外一种浮点类型是单精度浮点数，用关键字 float 表示。它们的区别在于占用的字节数不同。

当表达式中出现了多个运算符时，要按运算符的优先顺序从高向低进行运算，俗称运算符优先级。基本的运算符优先级和数学运算类似，如乘除优先于加减；相同的优先级，从左至右运算；可以用圆括号"()"来改变运算符的优先级。

Java 语言除了基本二元运算符以外，还会碰到一元运算符、三元运算符、instanceof 等运算，从高到低是一元运算符、算术运算、关系运算和逻辑运算、赋值运算。运算符除有优先级外，还有结合性，运算符的结合性决定了并列的多个同级运算符的先后执行顺序。同级的运算符大都是按从左到右的方向进行(称为"左结合性")。大部分运算的结合性都是从左向右，而赋值运算、一元运算等则有右结合性。表 2-3 给出了 Java 语言中运算符的优先级和结合性。目前主要考虑基本的运算，更多运算将在后面的课程中逐步涉及。

表 2-3 运算符的优先级及结合性

优先级	运 算 符	结合性
1	.(分量运算符),[](数组运算符),()(类型转换符)	左→右
2	++,--,!,~,+(正号),-(负号),instanceof	右→左

续表

优先级	运　算　符	结合性
3	new(类型)	右→左
4	*,/,%	左→右
5	+,-	左→右
6	<<,>>,>>>	左→右
7	<,>,<=,>=	左→右
8	==,!=	左→右
9	&	左→右
10	^	左→右
11	|	左→右
12	&&	左→右
13	||	左→右
14	?:(三元条件运算)	左→右
15	=,+=,-=,*=,/=,%=,<<=,>>=,>>>,&=,^,=|=	右→左

在表达式中,可以用括号()显式地标明运算次序,括号中的表达式首先被计算。适当地使用括号可以使表达式的结构清晰。例如:

```
a>=b&&c<d || e==f
```

可以用括号显式地写成

```
((a<=b)&&(c<d)) || (e==f)
```

这样就清楚地表明了运算次序,使程序的可读性加强。

2.8 拼接运算

通常数学运算符不能运用在字符串上,即便是字符串看起来像数字也不能。以下表达式不合法:

```
tao-1, "GreatWall"/369;
```

该表达式看不出 tao 是什么类型,要知道一个变量的类型,需要变量声明。

"+"运算符可用于字符串,但是它不是加法运算,在字符串情境下,它表示字符串拼接,即将运算符两侧的字符串首尾拼接在一起。

例 2-4 试定义变量名 collegeName 和 year,分别表示大学校名和年份,并通过字符串拼接运算分两行输出以下内容:

西北大学是一所历史悠久的大学；

120 周年校庆的年份是 2022 年；

```
public class App2_4 {
    public static void main(String[] args) {
        String collegeName="西北大学";
        int year=2022;
        System.out.println(collegeName+"是一所历史悠久的大学");
        System.out.println("120 周年校庆的年份是"+year+"年");
    }
}
```

本章习题

1. 声明一个半径为 5 的整型变量，并对该变量赋值后输出该变量。

2. 定义变量并求解以下 3 个运算：(1)3+5；(2)15 * 9；(3)25/39。

3. 声明一个校名的字符串变量，其值自拟。对该变量赋值后输出该字符串。

4. 打印一句话，包含省份名称和具体的值，如："我爱我的故乡"+省份。

5. 什么是标识符？Java 语言对用户自定义标识符有哪些要求？

6. Java 语言有哪些数据类型？为什么要将数据区分为不同的数据类型？

7. 什么是变量？变量名与变量值有什么根本区别？声明变量有何作用？

8. 陈述下面 Java 语句中操作符的计算顺序，并给出运行该语句后 k 的值。

(1) k=8+3 * 5/3-2；

(2) k=8%4+5 * 7-6/6。

9. 若 x=4、y=2，计算 z 的值。

(1)z=x&y (2)z=x/y (3)z=x^y (4)z=x>>y (5)z=-x (6)z=x<<y

第3章 方　法

本章主要内容：

- 强制类型转换；
- 无返回值方法；
- 类与方法；
- 形式参数与实际参数；
- 有返回值方法；
- 参数传递。

程序设计的一般目标是对现实情境问题转换为计算问题。这一过程中需要厘清影响问题的关键变量，还有最终的结果变量，进而形成数学函数模型，前一个变量是自变量，后一个变量是因变量，类似于数学中的 y=f(x)。由此可以看出，开发设计函数是程序设计中最基础、最重要的目标。Java 语言中的函数称为方法。无论是面向过程的编程语言，如 C 语言，还是面向对象的程序设计语言，都遵循方法的定义与使用相分离这一基本原则。换句话说，对于同一个方法而言，可以分为定义方法和使用方法两部分。二者参与运算需要自变量的参与，在方法头部，根据定义和使用的不同，分别有形式参数和实际参数，二者相互联系的过程要遵循参数传递的基本原则。基于以上内容，本章介绍方法的定义与类型、类与方法、参数类型、参数传递等知识。

3.1　强制类型转换

Java 语言在必要的时候自动将 int 类型转换为 double 类型，这一过程中信息不会丢失。相反，将浮点型转换为整型，去掉小数点后面的部分会存在舍入，即信息丢失。它无法自动转换，需强制执行才能实现。Java 语言提供了强制类型转换的语法。

```
(类型)变量名;
```

```
double pi = 3.14159;                    //初始化
int x = (int) pi;                       //强制类型转换
```

其中,(int)操作符将其后面的数转换为 int 类型。

例 3-1 在 main()方法中编写下列程序,输出结果如何?

```
double pi = 3.14159;
double x = (int) pi * 20.0;
```

输出结果:

```
60.0
```

说明:这里(int)和 * 均为运算符。强制类型转换运算作为单目运算,其优先级高于算术运算 * 。且强制类型转换为整数通常不是执行四舍五入,而是向下取整,如 0.9999,仍为 0。这里 pi 强制类型转换后结果为 3,然后整数与浮点数 20.0 相乘,自动转换为浮点数 60.0。所以这个运算不仅包含强制类型转换,也包含自动类型转换。

3.2 无返回值方法

目前我们接触到的方法为 Java 类库中提供的方法,例如 main()方法的定义。main()方法在 Java 中被特别对待。作为程序的入口方法,当任何程序运行时,都会调用 main()方法。main()方法是被 public static 所修饰的方法,Java 语言中称为静态方法,与 C 语言中的全局函数的提法是对等的。方法定义可以分为无返回值的方法定义和有返回值的方法定义。在前 6 章中,所有的方法都将按静态方法进行处理,被 public static 所修饰。针对无返回值方法,语法表示如下:

```
public static void 方法名称( 参数列表 ) {
    语句;
}
```

其中,void 属于方法的返回值类型,它表示方法将没有返回值。所谓返回值就是方法体最后计算的结果,如果有具体的值,并且通过 return 语言表示,则有返回值;否则无返回值,对于无返回值的方法,在方法名称的前面需用 void 修饰。

方法名称遵循一定的命名规则。一般情况下,方法的名字可以结合编程需要任意命名,尽量有意义,但不能使用关键字。按标识符命名惯例,Java 采用驼峰式命名来给方法命名,即方法首字母小写,之后出现的单词首字母大写,如 sumMethodsLikeThis()。

方法定义不一定需要自己去开发,也可能由 Java 内置提供或其他外部平台引入。Java 语言开发工具包 JDK 中内置了很多常用方法,这些方法不用定义就可以通过查找 API 手册使用,明确该方法名和参数列表就可以直接使用。对于许多工程应用开发人员来讲,程序设计工作的一个重要特点是充分运用外部已定义好的方法解决现实问题,他们不需要了解该方法内部复杂的技术细节。Java 程序设计中,如果需要**使用方法**,称为**方法调用**。

参数列表,类似于数学中的 sin(1/2)圆括号中的数或者表达式,称为方法的参数。

main()方法的参数是 String[] args，即调用者需要提供一个名称为 args 的字符串数组类型。

参数列表不是必需的。依据使用情形，既可以为空，也可以有一个乃至多个。没有参数的方法称为无参方法。例如：

```
public static void newLine() {
    System.out.println("");
}
```

这里的方法名为 newLine()，其方法名后的参数为空。方法体中表示打印一个空的字符串。

例 3-2　在 main()方法中调用 newLine()。

```
pubic class App3_2{
    public static void main(String[] args) {
        System.out.println("First line.");
        newLine();                                //调用 newLine()
        System.out.println("Second line.");
    }
    public static void newLine() {
        System.out.println("");
    }
}
```

main()方法是程序运行的方法。如前所述，程序设计遵循方法的定义与使用相分离的基本原则。main()方法外的 newLine()是方法定义，main()方法里的 newLine()是参与调用的方法，在 main()方法中调用方法直接使用"方法名()"就可以实现。例 3-2 中调用 newLine()就体现了这一点。

例 3-3　在其他方法 threeLine()中调用 newLine()，结果如何？

```
public static void threeLine() {
    newLine(); newLine(); newLine();
}
public static void main(String[] args) {
    System.out.println("First line.");
    threeLine();
    System.out.println("Second line.");
}
```

方法调用不仅可以在 main()方法中进行，同时也可以在其他方法的定义中调用，而且，可以反复调用同一个方法。例 3-3 中在方法定义 threeLine()的方法体中，调用 newLine()方法 3 次，体现了方法可以重复调用，且在 main()方法以外进行。

创建新方法可以为一组语句取个名字，方法可以隐藏程序的细节，以提高程序简洁性和结构清晰性。创建新方法可以通过方法调用除去程序中的重复代码。

上述实例反映了定义方法的不同类型。一般来说,定义方法往往如本章开头所言,通过建模揭示因变量与自变量概念间的关系,形成函数定义。但在程序设计中,即使没有这种关系,任何一段代码均可以定义方法,特别是对于那些经常使用的一批代码。上述过程称为**方法的封装**。例 3-2 和例 3-3 中的 newLine()和 threeLine()就体现了方法的封装。方法的封装是程序设计的基本性质,也是面向对象程序设计中的三大封装表现之一。其他两种封装分别是类的封装和数据域(变量)的封装,相关内容将在第 7 章和第 8 章学习。

3.3 类与方法

将 3.2 节的代码放在一起,可以定义一个类(class)。类是相关联的方法的命名集合。

例 3-4 定义类。

```
class App3_4 {
    public static void newLine() {
        System.out.println("");
    }
    public static void threeLine() {
        newLine(); newLine(); newLine();
    }
    public static void main(String[] args) {
        System.out.println("First line.");
        threeLine();
        System.out.println("Second line.");
    }
}
```

例 3-4 中定义了类 App3_4,它包含了 newLine(),threeLine()和 main()三个无返回值的静态方法(被 static 所修饰)。其中,main()是入口方法。main()方法以外的内容属于方法的定义,main()方法体的内容属于方法的使用。方法定义不一定会被使用,只有被 main()方法体所调用的方法才能在程序执行中发挥实际作用。

3.4 Java 类库中方法的调用

Math 类是 Java 类库中已定义的一个类,包含 sin()、sqrt()等方法。对于已经定义好的类和方法,就不需要再次定义方法,可以直接调用。当调用这些方法,需要给出类名和方法名,并用点(.)运算符相连。例如:

```
double angle = 1.5;
double height = Math.sin(angle);
double root = Math.sqrt(17.0);
```

例 3-5 试通过定义 Java 程序求 1.5 的正弦函数和 17.0 的开方。

```
public class App3_5{
    public static void main(String[] args) {
        double root;
        root = Math.sqrt(17.0);
        double angle = 1.5;
        double height = Math.sin(angle);
        System.out.println(root);
        System.out.println(height);
    }
}
```

例 3-5 体现了对于已经在 JDK 类库中的方法可以直接调用。本例中，Math 类是 JDK 类库中的静态类，调用其中的方法需要通过“类名.方法名()”进行，类名首字母要求大写。

3.5 形式参数和实际参数

当定义方法时，所给定的是形式参数(parameters)，简称形参。形式参数是存储实际参数的变量。如果()有一系列的参数，则会形成参数列表，它是一组变量的集合。形式参数类似于变量声明。

当调用方法时，提供给方法的是实际参数(arguments)，简称实参，即实参在方法调用时通过具体的值传给方法定义中的形式参数。实际参数过程类似于变量赋值。

多参数方法的定义和调用通常容易导致错误。下面举例说明。

例 3-6 试定义 printTime()方法，包含小时(hour)和分钟(minute)两个变量。

```
public static void printTime(int hour, int minute) {
    System.out.print(hour);
    System.out.print(":");
    System.out.println(minute);
}
```

错误的形参列表如下：

```
public static void printTime(int hour, minute) {
    System.out.print(hour);
    System.out.print(":");
    System.out.println(minute);
}
```

以上形式参数列表中，变量声明不合法。形式参数的作用类似于变量定义。当声明多个变量，其间用逗号分隔时，可以有 int hour，minute 这种表达，但在方法定义中的形式参数声明则不成立。多个形式参数声明，每个变量声明均需满足“数据类型 变量名”，各参数之间用逗号分隔。换句话说，形式参数中的逗号相当于多个普通变量声明中的分号。

同样，实参的表示也可能出现错误。例如：

```
int hour = 11;
int minute = 59;
printTime(int hour, int minute);                    //错误
```

不必对实参进行声明数据类型。上述变量已经在方法使用前声明，如果再次声明，则不合法。以下语句正确：

```
int hour = 11;
int minute = 59;
printTime(hour, minute);                            //正确
```

3.6 返 回 值

某些方法是会返回结果的，称为返回值(return values)，如 Math()方法。这些方法的作用是生成新值，这些值通常赋值给一个变量或者用作表达式的一部分。例如：

```
double e = Math.exp(1.0);
double height = radius * Math.sin(angle);
```

前面所学习的基本是无返回值的方法，它是以 public static void 开头声明的。当调用无返回值(void)方法的时候，通常在一行中只会出现该方法本身，不会有赋值语句。例如：

```
threeLine();
```

有返回值方法不同于无返回值。例如：

```
public static double area(double radius) {
    double area = Math.PI * radius * radius;
    return area;
}
```

观察方法头的差异，应是 public static void 还是 public static double?

分析方法体中两个语句的特点和功能。如果要返回具体结果，除了在方法定义前面明确返回值类型以外，还需要在方法体的定义中运用 return 语句收尾。上例中 area()方法前面的返回值类型与方法体中的变量类型 area 要保持一致，由于方法体中定义的变量类型 area 为 double 数据类型，故方法名前面的数据类型为 double，同时，在方法体中需要运用 return area 表示。

3.7 参数传递

参数传递是学习方法的核心原则。之所以有参数传递，本质是由方法的定义与使用相分离这一根本原则决定的。通过定义方法，一方面将解决问题的过程抽象化，把解决具体问题的过程上升为解决一类问题的过程，进而提高代码的重用性。更多的应用程序员可以专注于方法的调用来解决实际问题，而不用知道方法的具体细节，把方法定义中的核心算法设计等复杂信息技术细节交给上游信息科技企业，如阿里巴巴集团、谷歌公司等解决，或者重要开源 Apache 基金会等。通过将方法的定义与实现相分离，可降低编程开发工作门槛，提高程序开发人员的市场参与度，更多的程序开发人员成为中下游二次开发或者三次开发者或者资源的组装者。方法的定义与使用分离，本质上也是变量的定义与赋值相分离。要实现二者的结合，就需要参数传递。参数传递应遵循以下原则。

(1) 方法定义和方法调用需是同一个方法名。

(2) 实际参数与形式参数类型、顺序、个数需一一对应。

(3) 由实际参数传递给形式参数，然后在方法定义中参与方法体运算，最后在方法调用中返回结果。

例 3-7 身体质量指数(Body Mass Index,BMI)是关于体重的健康测量指标，将单位为千克的体重除以单位为米的身高的平方，就得到 BMI 的值。针对 16 岁以上的人群，其 BMI 值及说明如表 3-1 所示。试输入身高和体重，求 BMI 的值。

表 3-1 BMI 对照表

BMI	说　明
16 以下	严重偏轻
16～18	偏轻
18～24	正常体重
25～29	超重
30～35	肥胖
35 以上	极度肥胖

```
public class App3_7{
    public static void main(String[] args) {
        System.out.println("请先后输入体重和身高:");
        double k=65;
        double m=1.66;
        System.out.println(bmi(k,m));                    //调用 bmi(k,m)方法
    }
    public static double bmi(double kilom,double meter){    //定义方法
        double bi = kilom/(meter * meter);
```

```
        return bi;
    }
}
```

输出内容：

```
请先后输入体重和身高:
65
1.66
23.588329220496444
```

说明：上例 double bmi(double kilom,double meter)为有返回值类型的方法定义。在 main()方法中调用了 bmi(k,m),将实际赋值 k,m 传递给方法定义中的形式参数 kilom 和 meter,基于方法定义参与运算返回方法的结果并最终输出。例 3-7 中,实际参数和形式参数所属的方法名完全相同,且参数类型、个数、顺序一一对应,符合参数传递的一般原则。

本章习题

一、简答题

1. 使用方法有何优点？它包含哪两个环节？试举例说明。

2. 判断下面的说法是否正确：无返回值的方法的调用总是单独的一条语句,但是对带返回值类型的方法的调用总是表达式的一部分。

3. 如果在一个带返回值的方法中,不写 return 语句会发生什么错误？在 void()方法中可以有 return 语句吗？下面方法中的 return 语句是否会导致语法错误？

```
public static void xMethod(double x, double y){
    System.out.println(x + y);
    return x+y;
}
```

二、编程题

1. 试对 45.7 运用强制类型转换求得相应整数的值。

2. 试运用 Java 库 Math 类求 cos(19.5)。

3. 试构建圆的面积方法并通过在 main()方法中调用该方法输出圆的面积。

4. 试运用参数传递方法输出“全球团结,共克时艰!”

5. 运用参数传递求梯形的面积。

Chapter 4

第 4 章 条件控制

本章主要内容：

- 模运算；
- 动态输入；
- 条件类型；
- 布尔运算；
- 逻辑运算。

程序设计的执行一般按照先后顺序依次执行。但在实际中，总可能有各种情况的考虑。例如，今天上课，有的同学因参加校运动会请假，有的同学则因生病去医院。程序在执行过程中并不是单一情形。要想对上述流程加以管理就需要引入流程控制。Java 语言提供了影响流程的条件控制语句和循环语句。本章介绍条件控制，同时融入模运算和动态输入的有关知识点，它们在编程中应用广泛。

4.1 模 运 算

模运算也称为求余运算，英文为 modulus operator。模运算为二目运算，参与运算的参数都是整数，计算结果是第一个参数除以第二个参数得到的余数。Java 中用百分号 % 表示模运算。

```
int quotient = 7 / 3;                    //求商
int remainder = 7 % 3;                   //模运算
```

模运算符可以用于判断一个数是否被另一个数整除。如果 x%y 结果为 0，则表示 x 可以被 y 整除，也可以使用模运算符来提取整数最右边一位或多位数字。例如，x%10，y%100 分别可以得到整数 x 和 y 的个位数和最右边两位数(个位和十位数)。

4.2 动态输入

与计算机进行动态实时交互需要输入数据。Java 语言提供的输入操作类 Scanner 可以方便实现，其语法表示为

```
Scanner input = new Scanner(System.in)
   int num = input.nextInt();
```

- System.in 表示由标准键盘输入。
- input 是 Scanner 类的一个实例对象，Java 语言中的对象命名和方法命名、变量命名一样，均是自主命名。
- Scanner 类隶属于 java.util 包，因此，使用本语法需要在程序头导入包 import java.util. * 。

Scanner 类中的常用数字和字符方法如表 4-1 所示。

表 4-1 Scanner 类中的常用数字和字符方法

方　法	说　明
nextLine()	输入一行字符串，按回车键结束
next()	读取一个字符串，该字符在一个空白符之前结束
nextByte()	输入 1 字节
nextShort()	输入一个短整数
nextInt()	输入一个整数
nextLong()	输入一个长整数
nextFloat()	输入一个单精度数
nextDouble()	输入一个双精度数

例 4-1 输入一个两位数，获得该数的个位和十位数。

```
import java.util.Scanner;                    //导入声明
public class App4_1 {
    public static void main(String[] args) {
        Scanner input = new Scanner(System.in);
        System.out.println("请输入一个两位数的整数");
        int num= input .nextInt();
        int m,n;                             //声明两个整型变量作为个位和十位数
        m=num%10;                            //求余
        n=num/10;                            //做除法
        System.out.println("个位数 m="+m+"\n"+"十位数 n="+n);
    }
}
```

分析：例 4-1 中要动态输入一个两位数，可以采用 Scanner 类语句实现。由于是整数，所以需要调用 nextInt()方法。调用该方法首先需要创建 Scanner 类的实例，获得 Scanner 对象 input。通过对象名调用 nextInt()方法，然后赋值给变量 num。获得个位数 m 需要对 num 除以 10 获得相应的余数，十位上的数则可以对 10 进行整除，根据整数相

除仍为整数，获得相应的十位上的数字。在 Eclipse 集成开发环境中编写上述程序过程中，首行的 import 语句会在后续主体代码输入的过程中自动生成补上，不需要专门去写。

4.3 条件类型

要编写可用的程序，必须判断各种条件，然后根据结果改变程序的行为。条件语句提供了这样的能力。条件语句也称为**分支结构**。最简单的条件语句是 if 语句，还有选择语句(if…else)、条件判断链、嵌套条件和 switch 语句等。

4.3.1 if 语句

条件执行如下：

```
if (x > 0) {
    System.out.println("x 是正数");
}
```

关键字 if 后边括号中的表达式称为条件表达式。如果为真，大括号中的语句将会执行；反之，什么都不会发生。

条件表达式可以包含任意的**比较运算符**，也称为关系运算符。

```
x == y                                  //x 等于 y
x != y                                  //x 不等于 y
x > y                                   //x 大于 y
x < y                                   //x 小于 y
x >= y                                  //x 大于或等于 y
x <= y                                  //x 小于或等于 y
```

注意：关系运算符与数学中的符号相比，还是有细微差别。如＝，≠和≤。常见错误是在应该使用＝＝的时候使用了 Java 语言中的＝，＝是赋值运算，而＝＝是比较运算。Java 中不存在运算符＝＜以及＝＞。

比较运算符左右参数类型需相同。运算符＝＝和！＝可用于字符串，其他的比较运算符对字符串无效。

例 4-2 试编写无返回值方法，检测整数 35 能否被 5 整除。

```
import java.util.Scanner;
public class App4_2 {
    public static void main(String[] args) {
        divide(35);
    }
    public static void divide(int x){
        if (x % 5 == 0) {
            System.out.println(x+" 能被 5 整除");
```

```
            }
        }
    }
```

4.3.2 if…else

有两条可选路径,通过判断条件来选择其中一条路径的条件执行称为选择性执行。

例 4-3 试编写一个方法程序判定奇偶数。

```
public static void printOdd(int x) {
    if (x%2 == 0) {
        System.out.println("x 是偶数");
    }
    else {
        System.out.println("x 是奇数");
    }
}
```

分析:通过if…else语句考虑两种情形。其中if语句后面有小括号(),需要填写条件判断,而else后面没有()标记。例4-2中通过变量对2求余,余数为零表示是偶数。

假如已编写了上文中的printOdd(int x),试在main()方法中通过键盘输入传值,最后判断结果是奇数还是偶数。

4.3.3 条件中的返回值

有时使用多个return语句十分有用,一个分支就是一个返回语句。此时方法的返回值不再是无返回类型,而是具体的返回结果。

例 4-4 试通过分支语句定义有返回值的绝对值方法。

```
public static double absoluteValue(double x) {
    if (x < 0) {
        return -x;
    } else {
        return x;
    }
}
```

4.3.4 条件判断链

有时候要判读的条件多于两个,并且根据条件的不同需要执行多个不同的分支,此时可以使用由if和else组成的条件链(chaining)来完成。对于if/else语句的使用次数,并没有限制,但过多的if/else语句会使代码变得难以阅读。

例 4-5 有一些特殊的数,如20211202,它的前4个数和后4个数是对称结构。类似的还有 11,121,1221,12321 等,这种数称为回文数。试从键盘输入一个 10～100000 的整数,检验它是否是对称结构。

```
import java.util.Scanner;
public class Palindrome{
    public static void main(String[] args) {
        Scanner input =new Scanner(System.in);
        System.out.println("请输入一个 10 到 100000 之间的数:");
        int m=input.nextInt();
        palin(m);
    }
    public static void palin(int k){
        if((k>=10)&&(k<100)){                //求十位数的回文数
            if(k%10==k/10)
                System.out.println(k);
        }
        else if ((k>=100)&&k<1000){          //求百位数的回文数
            if(k/100==k%10)
                System.out.println(k);
        }
        else if ((k>=1000)&&k<10000){        //求千位数的回文数
            if(k/1000==k%10)
                if((k/10)%10==(k/100)%10)
                    System.out.println(k);
        }else if ((k>=10000)&&k<100000){     //求万位数的回文数
            if( k%10==k/10000)
                if((k/10)%10==(k/1000)%10)
                    System.out.println(k);
        }
        else System.out.println("数字输入错误,请重新输入!");
    }
}
```

分析:例 4-5 要输出类似 121 这类的回文数。在 10～100000 的回文数共有以下几种类型:十位数——个位和十位相等,百位数——个位和百位相等,千位数——个位和千位、十位和百位相等,万位数——个位和万位、十位和千位相等。有关求位数的方法可以引入求余数的方法来求解。

4.3.5 嵌套条件

除了条件判断链,也可以在一个条件语句中嵌套其他条件语句。

例 4-6　试通过嵌套条件定义正数、负数和 0,将这 3 种情形实现标准化输出。

```
if (x == 0) {
    System.out.println("x 是 0");
} else {
    if (x>0) {
        System.out.println("x 是正数 ");
    } else {
        System.out.println("x 是负数 ");
    }
}
```

4.3.6 switch 语句

在多重条件选择的情况下，可以使用 if…else…结构来实现其功能，但是，使用多分支开关语句会使程序更为精练、清晰。switch 语句常用于多重条件。它将一个表达式的值同许多其他值比较，并按比较结果选择执行哪些语句。switch 格式如下：

```
switch(表达式){
    case 常量表达式 1: 语句序列 1;
    break;
    case 常量表达式 2: 语句序列 2;
    break;
    case 常量表达式 n: 语句序列 n;
    break;
    default:语句序列 n+1;
}
```

switch 多分支选择语句在执行时，首先计算小括号中“表达式”的值，这个值必须是整型或字符型，同时应与各个 case 后面的常量表达式值的类型相一致。计算出表达式的值后，将它先与第一个 case 后面的“常量表达式 1”的值相比较，若相同，则程序的流程转入第一个 case 分支的语句序列；否则，再将表达式的值与第二个 case 后面的“常量表达式 2”相比较，以此类推。如果表达式的值与任何一个 case 后的常量表达式值都不相同，则转去执行最后的 default 分支的语句序列，在 default 分支不存在的情况下，则跳出整个 switch 语句。在每个 case 语句后要用跳转语句 break 退出 switch 结构。细心的读者会发现，最后一行代码 default 语句后为什么没有像前面的语句那样使用 break，这是因为当执行该代码时，已经到了 switch 条件的末尾了，跳转和不跳转都是执行 switch 语句外面的内容，使用 break 没有任何作用，故省略。

例 4-7 switch 语句的应用：从键盘上输入一个月份，然后判断该月份的天数。

```
import java.util.*;
public class App4_7 {
    public static void main(String[] args) {
        int month, days;
```

```
        Scanner reader = new Scanner ( System. in ) ;
        System.out.print("请输入月份:");
        month=reader.nextInt();
        switch(month) {
            case 2:days=28;  break;         //2月份是28天
            case 4 :
            case 6 :
            case 9 :
            case 11:days=30;  break;        //4、6、9、11月份的天数为30天
            default:days=31;                //其他月份为31天
        }
        System.out.println(month+"月份为"+days+"天");
    }
}
```

输出结果：

```
请输入月份:6
6月份为30天
```

例4-7中switch后面括号中的内容为变量，不是变量表达式，它执行一个条件判断，与case后面的内容对应。case语句多种相同的情况可以省略，并且只在最后一句话写上表达，同时搭配break语句使用。在默认条件下，switch语句中每一种case条件要和跳转语句break搭配使用，一旦程序执行break将跳出条件判断，后面的代码不再执行。跳转语句break除了在switch语句中使用，更多在循环语句中使用，且循环语句中的跳转情形更多元，除了break，还有continue语句。continue语句执行跳转，只跳出当前一轮循环，后面的循环不再执行。这将在第5章中学习。

2020年3月，Java SE14发布，switch表达式进行了调整。

```
var days = switch(month){
    case 2:days->28;  break;             //2月份是28天
    case 4 :
    case 6 :
    case 9 :
    case 11:days->30;  break;            //4、6、9、11月份的天数为30天
    default:days->31;                    //其他月份为31天
}
```

以上内容有3点改变。首先，swithch语句块中可以用变量表达式来进行，返回值给一个变量，这一点可以使用，但不是必须。第二，Java语言新的数据类型声明支持var关键字表示，不显式声明具体数据类型，var days＝switch(month)。第三，case中原来的赋值号(＝)改用箭头(→)表示。

4.4 布尔运算与布尔表达式

到目前为止，我们所学习到的多数运算，其结果类型与原来参与运算类型相同。然而，关系运算的结果却是例外。

关系运算在比较后返回的结果要么是 true，要么是 false，称为**布尔类型**。不同于其他类型的数据实例有很多，布尔类型只有两个具体值，true 和 false。

布尔变量声明和表达式与其他数据类型一样，例如：

```
boolean flag;                          //变量声明
flag = true;                           //赋值
boolean testResult = false;            //初始化
```

条件运算符的结果是布尔型，所以可将比较结果存储在一个布尔型变量中：

```
boolean evenFlag = (n%2 == 0);         //如果 n 为偶数，为真
boolean positiveFlag = (x > 0);        //如果 x 为正数，为真
```

然后便可将这一结果用作条件语句的一部分：

```
if (evenFlag) {
    System.out.println("n 是偶数");
}
```

当变量用在条件语句中时，称为**标志(flag)**，因为它表示一个条件满足与否。例如检验某一个数能否被 5 整除，可表示为以下方法：

例 4-8 某一个数能否被 5 整除。

```
public static void divide(int x) {
    boolean flag;
    flag=x % 5 == 0;
    if (flag) {
        System.out.println(x+" 能被 5 整除");
    }
}
```

分析：上述代码定义了一个 divide()方法，其形式参数为某一个整数，检查整数能否被 5 整除意味着对 5 求余，其余数为 0，只要符合这样的条件即满足。故声明布尔类型 flag，将 x % 5 == 0 这一布尔表达式赋值给 flag，将其作为 if 语句的条件判断语句。与前面的代码相比，这里引入了布尔表达式。由于条件判断的结果就是布尔类型，故在 if 括号中的布尔变量没有其他运算符号。这里括号中的 flag 相当于 flag==true。

4.5 逻辑运算符

Java 提供了用于模拟布尔代数概念的 3 种逻辑运算：AND，OR 和 NOT，依次称为与、或和非，对应的运算符分别是 &&，|| 和!。

这些运算符的语义跟它们对应的英文单词的意思相似。例如：x > 0 && x < 10 表示只有当 x 大于 0 并且 x 小于 10 时才为真。逻辑运算往往是多个比较运算的综合集成，其结果类型与比较运算一致，都是布尔类型。举例如下：

evenFlag || n%3 == 0 中，任一条件为真，结果则为真，即 evenFlag 为真或者数字 n 能被 3 整除时，整个运算结果则为真。运算符! 使得布尔表达式取反，所以当 evenFlag 值为 false 时，!evenFlag 为 true。

&& 的优先级高于||的优先级，! 与其他一元运算符组合在一起，在这 3 个逻辑运算符中，! 的优先级最高。一个重要的规则是 && 和||是**短路求值**。短路求值意味着如果分析第一个表达式就能计算出逻辑运算符的结果，那么就不需要对第二个表达式求值。

逻辑运算符能简化嵌套的条件语句，使得程序更有可读性。

例 4-9 试将以下代码用一个逻辑条件语句重写实现。

```
if (x > 0) {
    if (x < 10) {
        System.out.println("x 为个位数.");
    }
}
```

前面两个条件运算可整合为一个布尔逻辑运算，得到如下程序。

```
public static void singleDigit(int x) {
    boolean logic = x>0&& x<10;
    if(logic){
        System.out.println(x+"为个位数.");
    }else
        System.out.println(x+" 不是个位数.");
}
```

分析：这里引入了一个布尔变量 logic，将条件表达式 x>0&& x<10 赋值给 logic。

布尔类型方法的定义及使用。正如其他方法可以是 int，double 等返回类型，方法也可以返回布尔类型。上述代码若用布尔类型作为方法返回类型，则有如下程序。

例 4-10 例 4-9 用布尔类型作为方法返回类型。

```
public static boolean isSingleDigit(int x){
    if (x > 0&&x<10) {
        return true;
    } else{
```

```
        return false;
    }
```

分析：当引入布尔类型作为方法的返回值类型，一般习惯将方法名以 isXXXX()方式命名，体现布尔类型的表达。if 条件语句不变，其结果是布尔类型。

本章习题

1. 试输入一个百位数，分别求其个位、十位和百位数并输出。

2. 体育考试结束，每位同学须输入自己的成绩划分等级。90～100 分为 A，80～89 分为 B，60～79 分为 C，0～59 分为 D。试分别采用条件链和 switch 语句对成绩划分等级。

3. 试将例 4-8 进行修改，使之满足从键盘任意输入一个整数，检测该数是否可以被 5 整除。

4. 写一个 isDivisible()方法，该方法要求输入两个整数，如果能够整除，则返回为真，如果不能整除，返回为假。方法头如下：

```
boolean isDivisible(int x,int y)
```

5. 如果某年可以被 4 整除而不能被 100 整除，或者可以被 400 整除，那么这一年就是闰年(leap year)。试判断 2034 年是否为闰年。

Chapter 5 第5章

循　环

本章主要内容：

- 多次赋值；
- while 循环；
- do…while 循环；
- for 循环；
- 封装与泛化；
- 局部变量；
- break 和 continue。

第 4 章讲解了条件控制，本章讲解循环，它们都隶属于流程控制。计算机较人工优势的重要方面在于自动计算，而解决自动计算问题往往与循环密不可分。在“云物移大智”(云计算、物联网、移动互联网、大数据、智慧城市)时代，自动驾驶技术、智能机器人等都已逐步走进人们的生活，其底层的基础运算也往往与循环密不可分。计算机不犯错误地自动完成任务，甚至具备自我学习的能力，是计算机相比于人的一大优势。循环语句是理解和深入学习以上内容最基础的内容。循环和方法在程序设计领域具有同等重要地位。本章从多次赋值、循环语句、封装与泛化、局部变量等方面讲解循环的核心知识。

5.1 多次赋值

对一个变量可以进行多次赋值，赋值的结果将以新值替换旧值。在 main()方法中输入以下程序代码，观察输出结果。

```
int sin = 5;
System.out.print(sin);
sin = 7;
System.out.println(sin);
```

当程序中存在对变量的多次赋值时，要区分赋值语句和相等判断语句的区别。Java 中 = 表示赋值，如 n=m，表示将 m 的值赋值给 n，而不是判断 n 和 m 的值是否相等。相等具备交换律，而赋值体现传递性。相等具备稳定性，赋值体现变化性。

相等语句符合交换律，而赋值不符合。例如，在数学中，如果 n=7，那么 7=n 也成立。但在 Java 中，n=7 是一个合法的赋值语句，而 7=n 是不合法的。在数学中，如果 n = m，那么在任何时候 n 都等于 m。而在 Java 中，虽然赋值语句可以使两个变量相等，但它们不见得会始终相等。

```
int n = 5;
int m = n;                              //将 n 赋值给 m，二者相等，均为 5
n = 3;                                  //将 3 赋值给 n，新的 n 值不再相等
```

以上赋值体现出动态性，如果将 m 用 n 代替：

```
int n = 5;
n = n-1;                                //将 n-1 赋值给新 n，这种动态性更明显
```

在循环语句中经常需要用到 n=n－1 或 n=n＋1 这种多次赋值的情形，以实现循环的推进机制。

5.2 while 语句

常见的循环语句有 while、do…while 和 for 循环。while 语句的语法如下：

```
while(条件表达式){
    循环体
}
```

while 语句由条件表达式和循环体组成。只要条件表达式结果为 true，则一直执行循环体。循环体内应该改变一个或多个变量的值，类似于 n=n－1 或 n=n＋1 这类，使得循环能够推进下去，最终让条件判断语句返回 false，进而使循环退出。否则，循环将一直重复下去，此时便是**无限循环**。其流程如下。

(1) 计算圆括号内的条件语句，结果为 true 或 false。

(2) 如果结果为 false，退出此 while 语句，接着执行后面的语句。

(3) 如果结果为 true，执行大括号中的语句，然后回到步骤(1)。

这样的执行流程称为**循环(loop)**，循环内的语句称为**循环体(body)**。

例 5-1 神舟系列火箭发射升空前的倒计时信息是一项循环。试编写 while 语句 countDown(int n)方法，实现 10，9，8，…，2，1，发射。

```
public class App5_1 {
    public static void main(String[] args){
        countDown(10);
    }
    public static void countDown(int n) {
        while (n> 0) {
```

```
            System.out.println(n);          //每循环 1 次,输出一次
            n = n-1;                        //多次递减赋值,实现循环
        }
        System.out.println("发射!");
    }
}
```

分析：main()方法中调用 countDown(10)，将实参 10 传递给形参 n。当 $0<n\leqslant 10$ 时，此时条件判断语句均为真，将执行循环体。每执行一次循环体，n 自动减 1，最终减到当 $n=0$ 时，条件判断语句为假，循环体终止，跳出循环，输出“发射”。

5.3 do…while 语句

do…while 和 while 语句类似。不同的是它不像 while 语句先计算条件表达式的值，而是先无条件执行一遍循环体，然后再判断条件表达式是否为真。如果为真，再次执行循环体，否则终止循环。语法如下：

```
do{
    循环体
} while(条件表达式);
```

例 5-2 循环实现 n 的阶乘。已知 s=n! 其中 n 为正整数，从键盘上任意输入一个大于 1 的整数 m，求满足 $s<m$ 时的最大 s 及此时的 n，并输出 s 和 n 的值。

```
import java.util.Scanner;
public class App5_2 {
    public static void main(String[] args) {
        int n=1,s=1,m;
        Scanner input = new Scanner(System.in);
        System.out.print("请输入大于 1 的整数 m:");
        m=input.nextInt();
        do{
            s=s * n;                        //计算 n 的阶乘
            n=n+1;
        }while(s<m);
        System.out.println("s="+s/(n-1));
        System.out.println("n="+(n-2));
    }
}
```

分析：例 5-2 中 n!=s，而 $s<m$，故有 n! <m 才符合条件。当在临界条件满足 n!<m 时，程序需要再执行 s=s * n，且有 n=n+1；由于最后的新值是 n，所以满足 $s<m$ 时的运算是上一轮符合条件的 s。故有 s/(n−1)，而符合条件的 n 则要比 s 的运算还要

再少一轮，故为 n－2。

以上语法和实例表明，while 循环和 do…while 循环两者十分相似。从构建循环的要素来看，**一项完整的循环要包含 3 项要素，初始变量、符合循环的条件表达式、促使循环向前发展的推进机制**。例 5-1 中的 10、n＞0、n＝n－1 和例 5-2 中的 s＝1，n＝1、s＜m、n＝n＋1 均体现了这一点，可以用一个数轴来表示例 5-1 循环要素的内容，如图 5-1 所示。

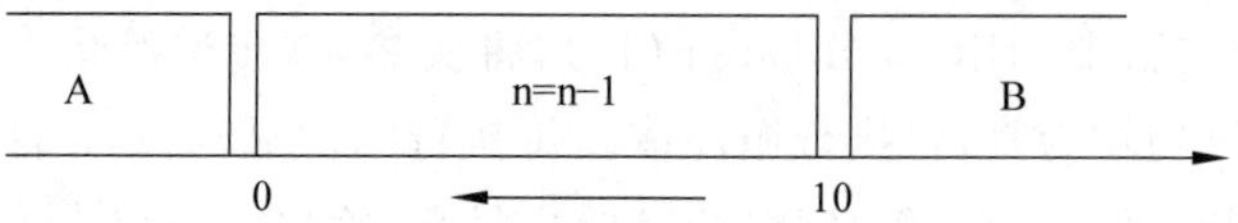

图 5-1　用数轴表示循环表达式

图 5-1 中的初始值 10，n＞0，将 0 和 10 连起来可以得到一个闭区间，n＝n－1 保证循环由右向左移动，箭头所示即体现了这种推进方向，最终会达到临界值。相反，如果划出的是 A、B 区域的内容，无法形成闭环，则不符合循环条件。

5.4　for 循环

for 循环是执行循环的又一种表达方式。其语法如下：

```
for (初始表达式; 条件表达式; 推进机制) {
    循环体
}
```

与 while 和 do…while 相比，for 循环将循环三要素的内容进行聚拢集中表示，三要素之间用分号相连，体现在 for 循环的小括号中。这种表达方式由于集中呈现，不容易出错或遗忘，而将循环重点放在循环体内容的编写上。对于编写相对复杂的循环，更能体现这一编程方式的优势，能够提高循环程序的效率，在实际应用中更受欢迎。

例 5-3　试分别采用 while 循环和 for 循环打印从 1 到 6 的乘法表，输出 2＊1，2＊2，2＊3，…，2＊6 的值。

```
int i = 1;
while (i <= 6) {
    System.out.print(2 * i +"     ");
    i = i + 1;
}
System.out.println("");
```

分析：以上程序依次遍历从 1～6 的个数，使它们都乘以 2。第一行初始化变量 i 用作循环计数器，也称为循环变量。每次循环打印 2＊i 的值，后跟 3 个空格。因为使用了 print()方法，故输出将出现在同一行中。最终结果为

```
2   4   6   8   10   12
```

如果采用 for 循环,则有如下表示:

```
for (int i=1; i <= 6; i=i+1) {
    System.out.print(2 * i +"     ");
}
System.out.println(" ");
```

for 循环可以将初始值 i=1、循环赋值语句 i=i+1 均置于()中,每个语句用";"表示一句话。功能上二者相同,但在形式上更聚拢简洁,防止出错。

5.5 封装与泛化

封装与泛化是程序设计的基本原则。**封装**是指将一段复杂的程序以多个方法进行拆分定义,以此充分利用方法便于阅读、调试和反复使用等优势。在第 3 章方法的定义中已经涉及封装。**泛化**是指将某些特定的值一般化,也就是抽象化的过程。一个良好的程序往往不是解决一个特定的计算问题,而是解决一类计算问题,这个特定计算问题只是一类计算问题中的特殊情况。当解决一类计算问题时,事实上编写的是一个**算法**(**algorithm**)。例如,在例 5-3 中,可以将乘数 2 这个常量进行一般化,即将它进行泛化,成为变量 n,进而打印以任何整数为乘数的乘法表。

下面的程序将例 5-3 中的循环进行封装,定义新的方法,并对其进行泛化,观察输出结果。封装只需增加第 1 行。用来声明方法的名字、参数和返回类型。泛化则是将常量 2 改为变量 n。

例 5-4 封装例 5-3 中的循环,定义新的方法,并进行泛化。

```
public static void printMultiples(int n){                //定义方法头实现封装
    for (int i=1; i <= 6; i=i+1) {
        System.out.print(n * i +"     ");                //将乘数 2 换为 n 实现泛化
    }
    System.out.println(" ");
}
```

将常量泛化后,最终输出的仅是一列,可能是 2,也可能是 3、4、5 等其他构成的乘法,假如要输出一个行和列都是从 1~9 的完整乘法表,那又将如何定义呢?

为了打印完整的乘法表,可以重复调用 printMultiples()方法,并在每次调用时传入不同的参数。通过更多封装实现多重循环。

例 5-5 方法的嵌套调用。

```
public class App5_5 {
    public static void main(String[] args){
        printTable(9);
    }
    public static void printMultiples(int n){             //方法头实现封装
```

```
        for (int i=1; i <= 9; i=i+1) {
            System.out.print(n+" * "+i+"="+n * i + "  "); //将乘数 2 换为 n,以实现
泛化
        }
        System.out.println(" ");
    }
    public static void printTable(int m) {
        for(int j=1;j<=m;j=j+1) {
            printMultiples(j);
        }
    }
}
```

分析：例 5-5 中定义了两个方法，即 printMultiples(int n)和 printTable(int m)，其中后者中再次调用前面的方法，属于方法中的嵌套调用。在 main()方法中通过调用 printTable(9)，最终实现乘法表的输出。这种方法中的嵌套调用可以合并简化，得到以下的嵌套 for 循环程序。

例 5-6 嵌套 for 循环程序。

```
public class App5_6 {
    public static void main(String[] args) {
        printTable(9);
    }
    public static void printTable(int m) {
        for(int i=1;i<=m;i=i+1) {
            for (int j=1; j <= 9; j=j+1) {
                System.out.print(j+" * "+i+"="+j * i + "  ");
    //将乘数 2 换为 n,以实现泛化
            }
                System.out.println(" ");
        }
    }
}
```

总结：从例 5-3～例 5-6 充分体现了程序封装与泛化的实现过程。一项复杂的程序往往可以由相对简单具象的程序一步步演变，最后成为相对简明抽象的程序。这一过程需要使用封装和泛化的编程思想。大型的程序可以通过多个方法封装来实现，抽象复杂的程序可以由具象到一般，通过逐步泛化来实现。封装的优点也就是定义方法的优点：使程序模块化，易于阅读调试，重用程序。在面向对象程序设计中，封装不仅体现在方法的封装，也体现在类的封装。类可以包含变量和多个方法，它是一种更高层次的封装。显然，直接编写上述程序相对复杂，通过封装反复调用、逐步泛化更易简化程序。

5.6 局部变量

针对前面的程序，printTable(int m)方法中的变量 j 可以声明为 i 吗？

当定义为 i 时它与 printMultiples(int n)中的变量 i 同名，这样会相互冲突吗？

方法中声明的变量只存在于该方法中，这样的变量也称为**局部变量(local variable)**方法之外不能访问局部变量。因此在不同的方法中可以声明多个同名的局部变量。不同方法命名同名变量有利于减少变量和参数的使用，提高程序的可读性。为此，可将例 5-5 的程序代码 j 用 i 替代，仍然是正确的。

```
public static void printMultiples(int n){
    for (int i=1; i <= 9; i=i+1) {                  //局部变量 i
        System.out.print(n * i + "  ");              //局部变量 i
    }
    System.out.println(" ");
}                                                    //不同方法变量名相同互不影响
public static void printTable(int m) {
    for(int i=1;i<=m;i=i+1) {                        //局部变量 i
        printMultiples(i);                           //局部变量 i
    }
}
```

分析：由于 printMultiples(int n)和 printTable(int m)分别隶属于不同的方法，故各自定义的变量 i 互不影响，可以采用同名变量。

2018 年 3 月，JDK 10 发布引入了 var 关键字用于声明局部变量。如：

```
var provinces= new ArrayList();
```

var 声明既可以用于定义方法的局部变量，也可以用于定义接收方法的返回值，还可以用于 for 循环中。

```
for(var prov:provinces) {
    System.out.println(prov);
}
```

值得注意的是，var 不能参与参数位置的定义，包括方法头中的形式参数和异常体系 try…catch()中的参数定义。

5.7 break 和 continue

for 循环和 while 循环都提供了终止。但有时，需要在循环语句中间执行终止。break 语句可以实现这一目标。其语法是

```
break;
```

switch 语句所使用过的 break 就是一种终止语句,但是这种终止是跳出循环,不是整个程序的终止,故又称为跳转语句。为了提高程序的可靠性和可读性,Java 语言循环语句中可通过 break 和 continue 实现跳转。

break 语句可以从循环体内部跳出并将控制权交给循环语句后面的语句。continue 语句会使流程直接跳转至条件表达式,终止当前这一轮循环,直接进入下一轮循环。在 for 语句中,continue 语句会跳转至条件表达式,计算并修改循环变量后再判断循环条件。

例 5-7 打印除了被 10 整除外的前 100 个数。

```
for(int i = 1;i<=100 ; i++){
    if(i%10 ==0)continue;
    System.out.println(i);
}
```

5.8 增强的 for 循环

自 Java 5 允许用户访问数组中的每个元素,而不需要数组索引。其语法为

```
for(数据类型 循环变量名:数组对象名)
    语句
```

变量名表示迭代中的当前元素。例如,要打印在数组 arr 中的元素,元素的类型是 String[ ],可以编写如下代码:

```
for(String a : arr)
    System.out.println(a);
```

增强的 for 循环在使用中有一些约束条件。首先,在许多应用中,特别是修改数组的值时,必须使用索引。第二,只有按顺序访问每一项时,才使用增强 for 循环。如果不访问每一项,用户都应该使用标准的 for 循环。

```
public class App5_8{
    public static void main(String[] args){
        int[] arr = {1,2,3,4,5,6,7};
        for(int a:arr) {
            System.out.print(a);
        }
    }
}
```

输出结果:

```
1234567
```

本章习题

1. 试用 while 循环求 1～20 的累加和。

2. 下述 while 循环执行的次数为________。

```
int k =10;
while (k>1){
    System.out.println(k);
    K=k/2;
}
```

3. 设有一条长度为 3000m 的绳子，每天剪去一半，问需几天时间，绳子的长度会短于 5m?

4. 钻研课堂中 m=7 的例子，试运用循环构建以下 6＊6 的乘法表。

```
1
2  4
3  6  9
4  8  12  16
5  10  15  20  25
6  12  18  24  30  36
```

5. 试输出以下乘法表：

```
1*1=1   1*2=2   1*3=3   1*4=4   …   1*9=9;
2*1=2   2*2=4               …       2*9=18;
  ⋮       ⋮                           ⋮
9*1=9   9*2=18              …       9*9=81
```

6. 回文数是指将该数含有的数字逆序排列后得到的数和原数相同，如 121、1221、12121，都是回文数。编写一个 Java 应用程序，试输出 1～99999 所有的回文数。（提示：本题有多种解法，例 4-5 是其中的一种解法，本题要求不区分十位、百位、千位、万位，而直接采用“左边的数等于右边的数”的方法求解。）

第6章 字符串与数组

Chapter 6

本章主要内容：
- 调用对象上的方法；
- 字符串长度；
- 遍历字符串；
- 自增和自减运算；
- 字符串的性质；
- 数组；
- 随机数。

Java 中有基本数据类型和引用数据类型，也称为原始类型和对象类型。原始类型如 int、char、boolean，以小写字母开头，对象类型以大写字母开头，如 String、类、接口。当声明原始类型时，Java 将为其分配存储空间。与原始类型不同，对象类型所获得的存储空间只是对某个对象的引用。**字符串和数组均是引用类型。它们基本体现了引用类型的性质，但在某些方面又有其特殊性，是一种由基本数据类型向引用类型转变的特殊类型。**

6.1 字符串中获取字符

字符串对象由**字符**组成。不是所有的字符都是字母，有些可能是数字、符号等。如前所述，char 表示存储单个字符的数据类型。引用字符需用单引号，如'c'，不同于字符串用双引号，字符值只能包含单个字母或符号。

```
char hello = 'c';
if (hello == 'c') {
    System.out.println(hello);
}
```

charAt()表示抽取字符串中的某一个字符。假如要获得第一个字母，则有：

```
String fruit = "banana";
char letter = fruit.charAt(1);
```

```
System.out.println(letter);
```

观察以上结果，它输出了第一个字母吗？这里输出的是字母 a，a 不是 banana 的第一个字母。由于技术原因，计算机科学家从 0 开始计数。如想获得字符串的第 1 个字母，语句如下：

```
char letter = fruit.charAt(0);
```

6.2　字符串长度

length()方法是字符串中经常要用到的另一种方法，它返回字符串中字符的数量。

```
int length = fruit.length();
```

length()方法不需要参数，返回值为整数，上面代码的返回值为 6（banana 的字符数量）。

试通过字符串长度编写代码找到字符串 banana 的最后一个字母。

```
int leng = fruit.length();
char last = fruit.charAt(leng);                    //最后一个位置
System.out.println(last);
```

以上代码正确吗？实验结果显示，上述代码不正确。如前所述，获得第 1 个字母的下标值是 0，故最后一个数的下标值应该是 fruit.length()－1。这里采用 fruit.length()不符合条件。

6.3　遍历字符串

字符串经常需要从头开始，依次选择字符串的每个字符并执行一些计算，一直到程序结束。这个执行过程称为**遍历**(**traversal**)。实现字符串遍历的一种直接方法是使用 while 语句。试遍历字符串 banana。

```
int index = 0;
while (index < fruit.length()) {
    char letter = fruit.charAt(index);
    System.out.println(letter);
    index = index + 1;
}
```

以上 while 循环遍历整个字符串，在单独一行中打印每个字母。

循环变量为 index，它是索引之意，用来表示有序集合中的一个成员。

indexOf()和 charAt()方法正好相反，charAt()将索引作为参数，并返回存放在该索引位置的字符,indexOf 将字符作为参数,并在字符出现的位置找到索引。

```
String fruit = "banana";
int index = fruit.indexOf('a');
```

如果传入字符未在字符串中出现,则方法调用失败,返回值为-1。

6.4 字符串循环和计数

如果想获得字符串 banana 中字母 a 出现的次数,如何通过编程实现呢?

提示:定义计数变量 int count=0,条件判断语句 if(fruit.charAt()=='a')。

例 6-1 试通过编程获取字符串 banana 中字母 a 出现的次数。

```
String fruit = "banana";
int length = fruit.length();
int count = 0;
int index = 0;
while (index < length) {
    if (fruit.charAt(index) == 'a') {
    count =count+1;
}
    index =index+1;
}
System.out.println(count);
```

6.5 自增和自减运算

自增(incrementing)和自减(decrementing)都是常见的运算类型。Java 为这两种运算提供了专门的运算符。自增运算符(++)为 int 和 char 类型的变量加 1,相应地,自减运算符为其减 1。这两个运算符均不能用于浮点型、布尔型和字符串类型。使用自增运算重写前面的字母计数器的例子,代码如下:

```
while (index < length) {
    if (fruit.charAt(index) == 'a') {
    count ++;
}
    index + +;
}
System.out.println(count);
```

自增和自减运算常见的表达式错误如下:

```
index = index++;                                    //错误
```

可以写 index = index+1,也可以写 index++, 但是将二者合并起来使用是错误的。

6.6　字符串的性质

性质 1　字符串对象的所有方法都不会改变原字符串,因为**字符串是不可变的**。

```
String name = "Alan Turing";              //toUpperCase 和 toLowerCases 可输出大小写
String upperName = name.toUpperCase();
```

upperName 的值为 Alan Turing,但 name 的值仍不变。变量 upperName 不能被 name 替代,name 不能像其他类型变量那样重复赋值。

性质 2　字符串是不可比较的。通常需要比较两个字符串内容是否相同,或比较在字母顺序排序中哪个字符串在前,哪个在后,但不能运用比较运算符(==和>)。

比较字符串需要使用 equals()方法和 compareTo()方法。例如:

```
String name1 = "Alan Turing";
String name2 = "Ada Lovelace";
if(name1.equals(name2)){
System.out.println("名字相同")  ;
}
```

equals()方法直接返回 true 或 false,如果两个字符串的内容相同则返回 true,否则返回 false。

```
int flag = name1.compareTo(name2);
if(flag==0){
    System.out.println("名字相同")  ;
} else if(flag < 0){
System.out.println("name1 在字母排序中先于 name2");
}else
System.out.println("name2 在字母排序中先于 name1");
```

compareTo 表示两个字符串**第 1 个不同字符**之间的差别。在上一段代码中,返回值 flag 为正数 8,因为 Ada 的第 2 个字母 d 比 Alan 的第 2 个字母 l 在字母顺序表中早 8 个字母出现。

6.7　数　　组

数组(array) 是一组数值的集合,其中的每个数值都由一个索引来识别。同一个数组中所有数值的类型应该相同。数组类型和其他 Java 类型相似,不同的是,数组类型后面应有中括号[]。如 int[]表示"整型数组"类型。数组和字符串相似,也具有对象的行为。

如它属于引用数据类型，用 new 关键字创建数组等。数组有一维数组和多维数组，下面主要讲解一维数组，最后以二维数组的实例讲解多维数组的作用。

1. 数组的声明与创建

```
int[]  count;                                          //声明整型数组变量
double[] values;
```

在初始化数组变量前，数组变量的默认值为 null。在创建数组时应该使用 new。

```
count = new int[4];
values = new double[10];
```

为了在数组中存储各个数值，可以使用[ ]运算符。例如：

```
count[0] = 5;
count[1] = count[0] * 2;
count[2] = count[1]+1;
count[3] = 25;
```

数组索引和字符串一样，均是从 0 开始计数，数组长度也和字符串类似，长度为 4 的数组，不存在 4 的元素下标。数组索引为 int 类型。

2. 数组长度

数组长度的表示如下：

```
array.length;                                          //数组长度
```

与字符串长度采用 length()方法表示不同，数组长度在名称上也采用 length，但它采用的是 length 属性。二者不能混同。

例 6-2 试通过键盘输入 8 个数值不等的整数，输出最大值。

分析：求极值问题是科学中的基础问题，许多问题建模均可转变为求极值问题。程序设计中求极值有多种算法。本题中可以采用以下思路来实现求最大值。

设有整型变量 max，假定数组第一个值 array[0]为最大值，将其赋值给变量 max，然后用这个 max 与数组中的第二个数 array[1]进行比较，所得到的较大值即为新的最大值，将其赋值给 max。这一过程可以用以下条件语句表示：

```
if(max>array[1])max = array[1]
```

随后将新的值 max 与第三个值进行比较，以此类推，最后所获得的值就是最大值。此时，相当于对以上下标值 1 逐渐变为 2,3,4,5,…，要实现这一过程实际上是由具象化上升到一般化的过程，是一种泛化。即将下标值 1 变为数量 i，同时增加 for 循环语句。

```
for(i=1;i<array.length;i++){
    if(max>array[i])max = array[i]
}
```

这里构建 for 循环，需要知晓数组长度，故有 i<array.length。如果采用了 array.length()，则会出错。代码如下。

```
public class App6_2 {

    public static void main(String[] args) {
        int[] array= new int[8];
        Scanner input = new Scanner(System.in);
        for(int i = 0;i<array.length;i++){
            array[i] = input.nextInt();
        }
        int max = array[0];
        for(int i=1;i<array.length;i++){
            if(array[i]>max){
                max=array[i];
            }
        }
        System.out.println(max);
    }
}
```

上述方法是通过键盘输入 8 个整数，然后对这些数进行比较。假如已有 8 个整数集合{6,56,23,98,12,79,45,89}，又该如何表示呢？对于已经存在的数组集合，其数组声明和赋值不能分开表示。例如：

```
int[] array;
array={4,6,56,23,98,12,79,45,89};
```

以上表示错误！正确的写法是"int[] array={4,6,56,23,98,12,79,45,89};"。

例 6-3　编写一个程序，对选择题进行测验打分。假设有 8 个学生和 10 道题目，学生答案存储在二维数组中，如图 6-1(a)所示，其输出的正确答案如图 6-1(b)所示。

学生给出的题目答案

	0	1	2	3	4	5	6	7	8	9
Student 0	A	B	A	C	C	D	E	E	A	D
Student 1	D	B	A	B	C	A	E	E	A	D
Student 2	E	D	D	A	C	B	E	E	A	D
Student 3	C	B	A	E	D	C	E	E	A	D
Student 4	A	B	D	C	C	D	E	E	A	D
Student 5	B	B	E	C	C	D	E	E	A	D
Student 6	B	B	A	C	C	D	E	E	A	D
Student 7	E	B	E	C	C	D	E	E	A	D

(a) 学生给出的题目答案

题目的正确答案：

	0	1	2	3	4	5	6	7	8	9
Key	D	B	D	C	C	D	A	E	A	D

(b) 输出的正确答案

图 6-1　选择题测验打分结果

说明：8 位同学有 10 道选择题。首先需要对人物和成绩进行表示。成绩答案可以定义一维字符类型数组 char key={D,B,D,C,C,D,A,E,A,D},然后,需要对某一位同学及其作答的各题答案进行表示,这里涉及同学和成绩两类数据需要表示,显然,采用一维数组不容易解决。设不同同学的下标值为 i,不同成绩的下标值为 j,则有 i=0,j=0,answers[0][0]可以表示第一位同学第一个选择题的答案,以此类推,可以得到 answer[i][j]。然后,需要将所得的成绩与标准答案进行比较,只有符合条件的答案才是正确答案。这本质是一个条件判断:if(answers[i][j]==keys[j]) correctCount++。完整代码如下:

```
public class App6_3 {
    public static void main(String args[]) {
        //8 位同学作答选择题,定义二维字符数组 char[][] answers
        char[][] answers = {
            {'A', 'B', 'A', 'C', 'C', 'D', 'E', 'E', 'A', 'D'},
            {'D', 'B', 'A', 'B', 'C', 'A', 'E', 'E', 'A', 'D'},
            {'E', 'D', 'D', 'A', 'C', 'B', 'E', 'E', 'A', 'D'},
            {'C', 'B', 'A', 'E', 'D', 'C', 'E', 'E', 'A', 'D'},
            {'A', 'B', 'D', 'C', 'C', 'D', 'E', 'E', 'A', 'D'},
            {'B', 'B', 'E', 'C', 'C', 'D', 'E', 'E', 'A', 'D'},
            {'B', 'B', 'A', 'C', 'C', 'D', 'E', 'E', 'A', 'D'},
            {'E', 'B', 'E', 'C', 'C', 'D', 'E', 'E', 'A', 'D'}
        };
        //标准答案
        char[] keys = {'D', 'B', 'D', 'C', 'C', 'D', 'A', 'E', 'A', 'D'};
        //所有答案的成绩
        for (int i = 0; i < answers.length; i++) {
            //某一个学生的成绩
            int correctCount = 0;                    //正确答案个数,变量初始值为 0
            for (int j = 0; j < answers[i].length; j++) {
                //将每一个学生的成绩与答案比较,如果正确,则自增 1
                if (answers[i][j] == keys[j]) correctCount++;
            }
            System.out.println("第 " + i + "个学生的正确个数是 " +correctCount);
        }
    }
}
```

6.8 随 机 数

程序设计中有时需要获得一组不可预知的数,它们是通过计算机程序随机产生的任意数。例如,微信群发红包随机产生一些数额即体现了这类应用。与随机数的任意数值不同,**伪随机数**是用确定性的算法计算出来自 0~1 均匀分布的随机数序列,具有类似于随机数的均匀性、独立性等统计学特征。Java 语言的 Math 类中提供了自动生成伪随机数的 random()方法，该方法能够产生一个 0.0～1.0 的一个双精度浮点数，具体区间为 x>=0&&x<1。假如要产生 0～100 的数，该如何实现？

```
for (int i=0;i<10;i++){
    double x = Math.random() * 100;
    System.out.println(x);
}
```

以上表示显示，如果需要生成从 0.0～n 的某个随机数，可将随机数乘以 n。这里表示的是 0～100 的数，故乘以 100。本题输出 10 个浮点数是在 for 循环定义下通过重复输出 10 次 System.out.println()语句实现的。输出一组相同类型的数，通常可以用数组来解决。故上述代码可以通过定义数组来实现。

例 6-4　试定义一个数据类型为整型的随机数组方法 randomArray(int n,int m)，其中 n 为想输出的整型数，m 为最大数。试输出 0～500 的 10 个随机整数。

分析：

```
public static int[] randomArray(int n,int m){
    int[] a = new int[n];                    //定义输出随机整数的个数,它是一组整数集
                                             //合,故为数型数组
    for(int i =0;i<a.length;i++){
        a[i] =(int) (Math.random() * m);     //引入强制类型转换,将浮点数转换为整数,
                                             //取值范围在 0~ m 的整数,实现随机整数定
                                             //义并将其赋值给整型数组变量 a[i]
    }
    return a;
}
```

上述实例有两个地方值得注意，一是采用数组 a[i]来表示每一个数，这种做法相较前面有创新。二是获得整数值的表示有不同。以上实验 Math.random() * m 可获得一个 0～m 的数，通过强制类型转换 int 可以得到整数。这里不能少了括号(Math.random() * m)，如果没有括号，根据运算符优先级原则，强制类型转换会优先运算，故有(int)Math.random()的结果与 m 相乘，这样的结果也是整数，但是，由于 Math.random()所获得的数是小于 1 的浮点数，故其取整的结果必然是 0，最终获得的所有浮点数都是 0 乘以 m，显然不能达到获得任意随机整数的目标。完整代码如下：

```
public class App6_4 {
    public static void main(String[] args) {
        int[] b= new int[10];
        b=randomArray(10,500);               //调用 randomArray()执行参数传递,并将
                                             //其赋值给变量 b
        for(int i =0;i<b.length;i++) {
            System.out.println(b[i]);
```

```
        }
    }
    public static int[] randomArray(int n,int m) {
        int[] a = new int[n];
        for(int i = 0;i<a.length;i++) {
            a[i]=(int)(Math.random() * m);
        }
        return a;
    }
}
```

请思考两个问题：第一，main()方法中可否直接调用 randomArray(10,500)并通过 System.out.println(randomArray(10,500))实现输出？为什么要将 randomArray()赋值给新引入的一维整型数组 b 并通过 for 循环输出。第二，假如随机方法为 randomArray(int n)，该如何修改上述程序并实现相应功能？

总之，本章是一个由基本数据类型向引用数据类型转变的过渡章节，它处理的是基本数据类型的集合，字符串和数组均是引用数据类型，与前面几章围绕基本数据类型 int、double、char、boolean 等来考虑运算有所不同，基本数据类型是数值运算，其变量指向的是具体的数值，引用数据类型变量指向的是内存地址，这类运算要充分运用下标值 i 来参与运算。同时，由于它们往往涉及一系列字符或者同类型数据，往往需要与循环运算相结合，考虑遍历和输出等，相比前面的数值运算实例会稍微增加一些挑战。下一章会讲解面向对象程序设计，类、抽象类和接口均隶属于引用数据类型。字符串和数组中涉及的部分知识仍将有用，同时又有不同于它们的新内容。

本章习题

1. 试运用 charAt()输出字符串 characters 的第 5 个字母并求该字符串的长度。
2. 试对字符串 characters 进行遍历并输出每一个下标值，输出包含变量 a 的个数。
3. 试运用数组方法求一组数{5.4,2.9,7.8,5.2,9.5,5.6,1.4,5.8}的最小值。
4. 试求以下程序中 i 的值。

```
int i=1;
while(i<10)
    if ((i++)%2==0)
        System.out.println(i);
```

Chapter 7

第7章 类与对象

本章主要内容：

- 类的基本概念；
- 定义类；
- 对象的创建与使用；
- 类的封装与面向对象程序设计原则；
- 类中的参数传递；
- 重载与方法签名应用；
- 程序开发过程与逐步求精；
- 包。

在前面的章节中，我们学习了程序设计的一般规则，包括变量、方法、条件控制和循环。无论是C语言、C++、C#，还是Python、JavaScript等，只要是程序设计，都会学习变量、方法、条件、循环、数组和字符串，它们只是在表现形式上有些许差别。作为一门面向对象的程序设计语言，Java是以对象/类为中心，类和对象是面向对象程序设计的核心概念，它与诸如C语言这类面向过程的语言有一些区别。本章围绕类与对象这两个概念展开，对比认识面向对象程序设计和面向过程程序设计两种编程思想下变量与方法、程序定义与使用的区别。

7.1 类的基本概念

对象是代表现实世界中可以明确标识的一个实体。每个对象都有自己独特的标识名、状态和行为。一个对象的状态(state)，也称为属性或特征，是指那些具有它们当前值的**数据域**，也称为**成员变量**。一个对象的行为(behavior)，也称为动作(action)，是由方法定义的，在类环境中称为**成员方法**。在类环境下，方法的概念被扩大了，所谓方法就是要求对象完成相应的动作。方法在C语言中也称为函数，不同教材可能混合使用这两种概念，但含义相同。

在图7-1中，汽车和手机是现实中的两类实体。对于一个具体的汽车，都有品牌、型号、颜色、行驶里程等属性。具体而言,图 7-1(a)所示的比亚迪新能源汽车汉 EV 是一个汽车对象,其品牌为比亚迪,型号为汉 EV,颜色为红色,行驶里程为 0km。汽车在驾驶过程中有起动、驾驶、停车等一系列动作行为。同样,图 7-1(b)中的 iPhone 手机作为一个对象,也有品牌、尺寸、颜色、价格等属性和打电话、发短信、操作手机应用(App)等动作行为。

(a) 比亚迪新能源汽车

(b) iPhone手机

图 7-1 对象

类、成员变量、成员方法和对象、属性、行为存在着一定的相互关系。对象是类的实例,类是对象的抽象。许多具体的汽车对象进行抽象可以得到汽车类;反过来,针对一个抽象的汽车类,可以构建一个具体的汽车对象。类可以封装成员变量和成员方法。属性和行为隶属于对象,它们与成员变量和成员方法相对应,可用图 7-2 表示。

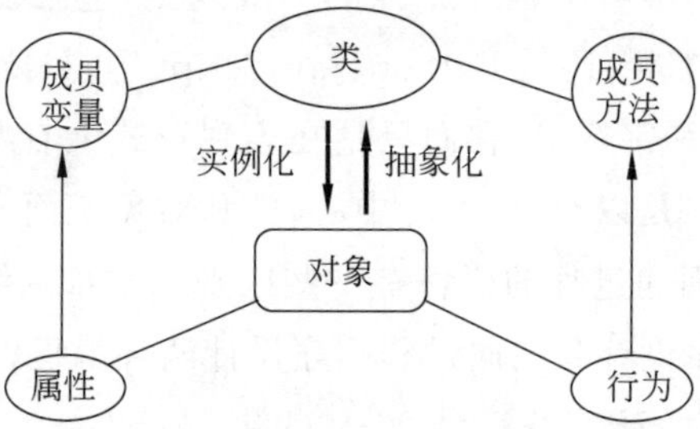

图 7-2 类与对象的关系

图 7-2 可从上下和内外两个维度来看。上半部分为程序设计环境,即定义类和使用类,类的定义中涉及成员变量和成员方法。下半部分对应现实实体环境。一个现实中的实体就是一个对象。每个对象均有描述自身的属性以及体现功能或动态的行为。从内外来看,类和对象是其中的核心,类是对象的抽象化,对象是类的实例化。二者是串联变量、方法、属性和行为的纽带。对现实中的实体进行建模定义类,需要确认对象、属性和行为。

7.2 定　义　类

在 3.4 节中，调用 Math 类中的数学方法求正弦值。类封装成员变量和成员方法，类定义中如果没有 static 修饰，那么所有的成员均为实例成员，成员变量和成员方法又称为实例变量和实例方法。

例如，针对手机类通过对成员变量品牌的声明和成员 weChat()方法的定义进行封装，可以定义一个新类 SmartPhone，如图 7-3 所示。定义类是为了使用类，Java 使用类需要调用类中定义的成员变量或成员方法。类定义遵循以下原则。

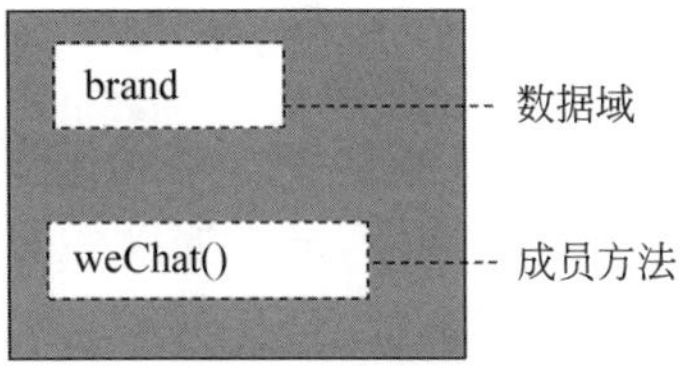

图 7-3　类封装数据域和成员方法

(1) 定义一个类也就意味着创建了一个与文件名相同的对象类型，任何对象是某个类的实例。

(2) 类定义规定了该类的对象可以拥有什么样的实例变量，还可以在对象上调用何种方法。

(3) 对象方法在类定义中进行定义。

(4) 不同于变量和方法定义，类名应该首字母大写。

(5) 一个程序文件可以定义一个乃至多个类。当有多个类时，有且仅有一个 public 类，并且这个文件的名字应该和 public 类名相同。如果该文件包含 main()方法，那么，main()方法所在的类为 public 类，也称为启动类或主类，main()方法是程序的执行入口。

7.3　对象的创建与使用

要调用类中的成员变量或成员方法，有两种途径。一种是通过"类名.成员名"进行调用，例如 Math.sin(x)；另一种是通过创建类的实例，获得对象，然后通过"对象名.成员名"进行调用，具体采用哪种途径，由类的性质决定。"类名.成员名"访问详见 8.4 节。大部分情况采用"对象名.成员名"进行。为了达到这一目标，需要创建对象。创建对象是为了分配内存空间并获得对象名，其分为如下两步。

```
类名 对象名;                              //创建对象
对象名=new 类名([参数列表]);              //利用 new 关键字创建
```

首先声明创建一个对象，这个对象的数据类型是对象实例对应的类。它表示指向"由类所创建的对象"的变量；然后，利用 new 运算符创建新的与类名相同的方法，并指派给前面所创建的变量。以上内容也可以将对象创建作为变量声明，那么 Cylinder 相当于数据类型。只不过这里的数据类型属于引用数据类型，与 String、数组一样，它们均是 new 关键字分配内存空间创建的。例如：

```
Cylinder volu;                                    //类名首字母大写,对象小写
volu = new Cylinder();
```

使用对象就是通过对象名来引用类中的成员变量或成员方法,称为**数据成员的访问**。

```
对象名.成员变量名;
对象名.成员方法名;
```

例 7-1 创建一个小说家类 Novelist,包含成员变量 nationality 和 occupation,分别表示籍贯和职业,试根据以下信息,定义小说家类 Novelist,并在 main()方法中输出相应的籍贯和职业信息。

```
路遥
籍贯:榆林
职业:作家
```

分析:类的定义可包含成员变量和成员方法,路遥是小说家类 Novelist 的一个实例,属于对象,路遥的籍贯和职业即表示路遥这个对象的属性,它们分别与成员变量 **nationality 和 occupation 相对应**。

```
class Novelist{                                      //类的定义
    String nationality;                              //定义字符串类型的成员变量"籍贯"
    String occupation;                               //定义字符串类型的成员变量"职业"
}

public class App7_1 {                                //main()方法类,主类
    public static void main(String[] args) {         //使用类
        Novalist luyao = new Novalist();             //创建对象
        luyao.nationality="榆林";
        luyao.occupation = "小说家";
        System.out.println("路遥:"+"\n 籍贯:"+luyao.nationality+"\n 职业:"+
luyao.occupation);

    }
}
```

观察以上程序代码,main()方法作为程序的入口函数,隶属于解决问题的类中。该类中需要通过使用成员变量 nationality 和 occupation 赋值,根据使用成员变量需要创建对象的原则,需要创建对象 luyao,然后输出相应结果。

7.4 类的封装与面向对象程序设计原则

仔细观察例 7-1 的程序,细心的读者可能会发现,这个程序不同于前面几章的程序代码。它在一个程序中包含了两个类 App7_1 和 Novelist。在以往的程序设计中,一般只

有一个类，包含 main()方法的所有方法和变量均在此类中。这里执行了一个面向对象程序设计的原则——类的定义与使用相分离。将包含 main()方法的类称为主类，它体现的是类的使用，而不包含 main()方法的类则是类的定义，它体现的是类的封装。

在前面的章节中还没有涉及类(class)的定义与使用的讨论，重在关注类里面更为微观的变量和方法的学习。第 3 章提出了方法的定义与使用相分离的基本原则。如前所述，对部分频繁使用的代码通过**方法签名**进行封装，其目的是提高程序的抽象，进而能够更多地重复使用代码，提高代码的开发效率，体现程序设计的健壮性。例如，当对求最大值的方法通过方法签名进行封装，不涉及具体的值以后，就可以反复调用该方法解决各类最大值求解问题，通过这种模块化的设计，可以大大提升程序的重用效率，同时也便于软件开发的工程化，基于不同的模块化单元进行团队分工协作，最后再结合实际需要组装代码。

面向对象程序设计继承了这一优势，同时又对这种原则进行了发展。面向对象程序设计是以类为中心的编程思想，不再以方法为中心。方法定义在面向对象程序设计中成为类定义中的一个子模块。一个封装的类可由若干成员方法和成员变量组成。所以，以前对方法的重用，如今上升到对类的重用，这种改变实现了 3 方面的飞跃。第一，它吸收了方法的重用。有关模块化方法的定义仍然发挥作用，在面向对象程序设计中方法的定义被包裹在类的定义中。第二，类的重用是一种更抽象、更高效的重用。当定义一个汽车类 Car，它包含有关汽车的各种方法，通过创建该类的对象就可以调用 Car 类中包含的所有方法，这比单独调用汽车类的各类方法要为高效。第三，以类为中心符合人们的认知方式。人们日常所看到的实体，如比亚迪汉 EV 在面向对象程序设计中即代表对象，在这样的基础上编写的程序更符合人们的认知观念，相比以方法为中心的编程思想更易于理解，也便于传播。

例 7-2　试运用面向对象编程方法，求一组数中的最大值。

```
public class App7_2 {
    public static void main(String[] args) {
        int[] array = {4,6,56,23,98,12,79,45,89};
        ArrayM ad = new ArrayM();
        int a = ad.arrayMax(array) ;
        System.out.println(a);
    }
}
class ArrayM{
    int arrayMax(int[] array){
        int max = array[0];
        for(int i=1;i<array.length;i++){
            if(array[i]>max){
                max=array[i];
            }
```

```
            }
            return max;
        }
    }
```

分析：例 7-2 中定义了包含 main()方法的主类和求最大值的 arrayMax(int[] array)方法的封装类 ArrayM。与第 6 章的程序代码相比，这里重新定义了一个新类 ArrayM，并将 arrayMax(int[] array)的方法定义与求解问题的 main()方法所在的类相分离。在新类 ArrayM 中定义的方法签名是 int arrayMax(int[] array)，不同于原来主类中的 static int arrayMax(int[] array)，前者不再是被 static 所修饰的类方法，而是位于类定义中的对象方法。体现了类的定义与使用相分离的编程思想，同时仍然遵循了方法的定义与使用相分离的原则。从例 7-2 可以看出，由于类的封装由成员变量和成员方法组成，故类的定义核心是成员变量和成员方法的定义，包含 main()方法的主类 App7_2 需要调用 arrayMax(int[] array)方法，故要找到定义该方法的类，通过 new 关键字创建该类对应的对象 ad，进而能够通过"对象名.成员方法名"调用方法。

综上所述，面向对象程序设计需要通过定义一个类，它包含成员变量和成员方法的定义，同时不包含 main()方法，这一过程称为类的封装。

例 7-3 定义一个圆柱体类 Cylinder，并创建相应的对象，然后计算圆柱体的体积。

```
class Cylinder{
    double radius;
    int height;
    double area(){
        return Math.PI * radius * radius ;
    }
    double volume(){
        return area() * height;
    }
}
public class App7_3 {
    public static void main(String[] args) {
        Cylinder volu;
        volu = new Cylinder( );                      //创建对象
        volu.radius = 2.8;                           //对象的使用,引用成员变量
        volu.height = 5;
        System.out.println("圆柱体的底面积="+volu.area());   //引用成员方法
        System.out.println("圆柱体体积="+volu.volume());
    }
}
```

分析：例 7-3 中 Cylinder 类包含了两个成员变量和两个成员方法。同时，在 volume()方法中嵌套调用了 area()方法。

7.5　类中的参数传递

3.7 节已经介绍过参数传递，它指的是方法中的形式参数与实际参数的相互对应，并且由实参向形参进行传递的过程。由此可以看出，参数传递关注变量之间的联系。面向对象程序设计是以类为中心的编程思想，其变量的概念进行了拓宽。原来位于方法中的变量称为局部变量，局部变量包含参数中的变量和方法体中的变量，其作用范围仅限于方法中。位于成员方法外、类里面的变量称为成员变量。成员变量由于在类里面，同时又位于成员方法外，因此它可以作用于每一个成员方法，不必在方法中再次声明。基于以上分析，可以得到局部变量、成员变量和形式参数的作用范围见表 7-1。

表 7-1　变量的类型与作用范围

类　型	作 用 范 围
局部变量	方法。超出本方法就不起作用
成员变量	整个类。可用于类中的所有成员方法，其实质是全局变量
形式参数	方法。超出本方法就不起作用，隶属于局部变量

例 7-3 中是通过成员变量赋值来实现求解的。这种思路仅适用于少量的运算，一旦遇到大量的运算需要赋值，此种以赋值来运算的方法是行不通的，此时就需要通过参数传递来实现。为了简化理解，这里不考虑大批量传值，仍以此情境来说明类的参数传递过程。

例 7-4　现有一个热水壶，试定义包含底面半径和高两个成员变量的类以及若干方法，该类能够实现参数传递求解热水壶的底面积和容量。

```
class Cylin{
    double radius;
    double height;
    double area(){
        return radius * radius * Math.PI;
    }
    double volume(){
        return area() * height;
    }
    void setCylinder(double r,double h){            //功能都是传值
        radius=r;                                   //形式参数向成员变量赋值
        height=h;
    }
}
public class App7_4 {
    public static void main(String[] args) {
```

```
        Cylin volu=new Cylin( );                    //创建对象
        volu.setCylinder(2.8,5);
        System.out.println("圆柱体的底面积="+volu.area());
        System.out.println("圆柱体的体积="+volu.volume());
    }
}
```

分析：运行程序会看到相同的结果。与前面的程序相比较，例 7-4 在主类 App7_4 中增加了 volu.setCylinder(2.8,5)的调用，在类的定义 Cylin 中增加了一个无返回值类型 setCylinder()方法的定义，其包含了两个形式参数的声明 double r 和 double h。通过定义该方法可以将形参传递给成员变量 radius 和 height，然后成员变量 radius 和 height 作为全局变量，将值继续传给不同的 area()方法和 volume()方法，进而求解。

例 7-4 反映了类中的参数传递过程。类中的参数传递要克服将形式参数传递给成员变量这一关键过程，即 Cylin 类中的 void setCylinder()的形式参数和方法体定义。形式参数既可以采用与成员变量不同名的形式参数，如 r，h 来声明，也可以采用与成员变量同名的形式参数来声明。采用后者表示可以减少变量名的使用，降低冗余的同时提高程序的可读性。但方法头和方法体的内容要改变。具体表示如下：

```
void setCylinder(double radius,double height){  //功能都是传值
    this.radius=radius;                          //形式参数向成员变量赋值
    this.height=height;
}
```

这段程序中方法体的左边需要增加关键字 this，this 在类中表示当前对象。通过引入 this 将左右的同名变量区分开来，强调是对象本身的成员。**this 引用有两种功能，这里体现的是 this 引用数据域的功能，this 还可以调用构造方法**，将在第 8 章介绍。

7.6 重载与方法签名应用

面向对象程序中，**方法签名是指方法头定义的内容，包括方法的返回值类型、方法名和参数列表**。通过改变方法签名可以实现不同的功能。面向对象程序设计中，方法具有重载的性质。同时，方法的返回值类型除了基本类型以外，还可以为数组类型；方法的参数列表除了固定数据类型声明以外，还可以定义可变参数声明，实现更多元的功能。

7.6.1 方法重载

有一些方法具有相同的功能，可以定义为同名的方法，但是由于场景不同，它们的参数定义的个数、类型或顺序至少有一个不相同，这称为**方法的重载**。假如任课老师茶杯的颜色为红色，试在前面圆柱体程序的基础上补充代码并输出。

例 7-5 现有一个红色茶杯，底面半径和高分别为 2.8cm 和 5cm。试定义一个类，该类包含同名传值 setCylinder()方法，分别用于传值颜色、底面半径和高。试通过参数传

递实现输出茶杯的底面积、容量和颜色。

```
class Cylin{
    double radius;
    double height;
    String color;                            //定义颜色的成员变量 color
    double area(){
        return radius * radius * Math.PI;
    }
    double volume(){
        return area() * height;

    }
    void setCylinder(double radius,double height){   //同名参数传递
        this.radius=radius;
        this.height=height;
    }
    public void setCylinder(String str){  //专门用于传递颜色变量
        color=str;
    }
    public String toString(){                //定义输出字符串变量 toString()函数
        return "圆柱的颜色为:"+color;
    }
}
public class App_5 {
    public static void main(String[] args) {
        Cylin volu=new Cylin();              //创建对象
        volu.setCylinder(2.8,5);
        volu.setCylinder("红色");
        System.out.println("圆柱体的底面积="+volu.area());
        System.out.println("圆柱体的体积="+volu.volume());
        System.out.println(volu);            //输出颜色,不需要采用 volu.toString()
    }
}
```

分析:为了输出颜色,以上代码增加了成员变量 color 的定义。同时定义了 setCylinder(String str)方法专门用于传递颜色。该方法与 setCylinder(double radius, double height)同名,功能上均用于传值,但形参个数、类型均不相同,符合重载的定义。例 7-5 中的 toString()方法是位于 Object 类中的一个方法。Java 语言中所有的类均属于 Object 类的子类,Object 类又称为所有类的源,它所定义的所有方法可以直接被任意程序所调用。

7.6.2 返回值为数组类型的方法

前面所涉及的方法返回类型除了 void 类型就是简单类型。事实上,方法的返回值也

可以是引用数据类型，如数组类型。

例 7-6 由 m×n 个数 a_{ij} 排成的 m 行 n 列的数表称为 m 行 n 列的矩阵，简称 m×n 矩阵，将矩阵沿着矩阵对角线的位置交换称为矩阵转置。试将以下一个 3*3 的二维矩阵转置后输出。

```
1  2  3
4  5  6
7  8  9
```

分析：首先，需要明确数组属于几维由[]的个数决定，而不是由[]中的数值大小决定。其次，需要明确转置的概念。转置是线性代数中的一个概念，它要求所有行上的数与列上的数交换位置，也就是说数组对角线的数不变，对角线两端的数交换。故而在表达时有 j=i+1。最后，考虑数组问题，可以通过列举法将数的位置用数组表示出来，然后观察下标值的变化规律。代码如下：

```
public class App7_6{
    public static void main(String[] args) {
        int[][] a = {{1,2,3},{4,5,6},{7,8,9}};//定义二维数组
        int[][] b = new int[3][3];
        Trans pose = new Trans();              //创建 Trans 类的对象 pose
        b = pose.transpose(a);                 //用数组 a 调用方法，返回值赋给数组 b
        for(int i=0;i<b.length;i++){;          //输出二维数组内容
            for(int j = 0;j<b[i].length;j++)
            System.out.print(b[i][j]+ "  ");
            System.out.print("\n");
        }
    }
}
class Trans {
    int temp;
    int[][] transpose(int[][] array){          //返回值和参数均为二维整型数组类型
        for(int i=0;i<array.length;i++)        //将矩阵转置
        for(int j=i+1;j<array[i].lenrth;j++){       //分析为何是 j=i+1
            temp = array[i][j];
            array[i][j] = array[i][j];         //将二维数组的行与列互换
            array[i][j] = temp;
        }
        return array;                          //返回二维数组
    }
}
```

输出结果：

```
1  4  7
```

```
2  5  8
3  6  9
```

说明：Trans 类中的 transpose()方法用于接收二维整型数组，且返回值类型也是二维整型数组。该方法用 array 数组接收传进来的数组参数，转置后又存入该数组，即用一个数组实现转置，最后用 return array 语句返回转置后的数组。

结论：Java 语言在给被调用方法的参数赋值时采用传值。通过方法调用，可以改变对象的内容，但对象的引用变量是不能改变的。所以，基本类型数据传递的是该数据的值本身；而引用类型数据传递的也是这个变量的值本身，即对象的引用变量，而非对象本身。

7.6.3　方法中的可变参数

在第 3 章中介绍了方法定义中的参数，这些参数称为形参列表。从 Java 5 以后，方法中形式参数的声明可以支持更多元的形式，除了原来的形参列表以外，增加了可变参数列表，可变参数支持在定义时不声明参数具体个数，而在实际中根据需要传递，类似于数组的作用。整个形参列表可由固定参数列表和可变参数列表共同组成，且可变参数必须位于最后一项。其语法格式为

```
返回值类型　方法名 (固定参数列表,数据类型…可变参数名){
            方法体
}
```

其中，…为可变参数符号，左右分别为数据类型和可变参数名称。调用可变参数方法时，编译器自动为该可变参数隐含创建一个数组，在方法体中以数组形式访问可变参数。

例 7-7　试定义一个方法，该方法能输出数量不等的字符集。现有 3 组字符集，每组均包含一个字符和数量不等的字符串。试定义一个包含可变参数的方法输出。具体代码如下：

```
public class App7_7{
    public static void main(String[] args) {
        VarParas vp = new VarParas();
        vp.display('o');                          //输出单个字符
        vp.display('M',"metaverse","AR/VR");      //输出有关元宇宙的字符集
        vp.display('G',"CNN","RNN","BERT");       //输出神经网络模型的字符集
    }


}
class VarParas{
    public void display(char c,String...arg){    //定义固定参数和可变参数组成形参
                                                  //列表
        System.out.print(c+" ");                  //输出固定参数
        for(int i = 0;i<arg.length;i++)           //输出可变参数,将可变参数按一维数组
                                                  //来处理
```

```
        System.out.print(arg[i]+" ");
        System.out.println("\n");              //输出完可变参数循环,换行
    }
}
```

输出结果：

```
O

M metaverse AR/VR

G CNN RNN BERT
```

说明：例7-7定义了一个包含可变参数的display()方法，该方法位于可变参数类VarParas中。处理可变参数的关键是将其按照数组来处理。

7.7 程序开发过程与逐步求精

伴随着知识的拓展，教学课堂上经常有同学提出疑问，自己的编程思路更多是依葫芦画瓢，不会主动思考并助推程序开发过程的稳步实施。为了提高面向对象编程的基本思路，厘清程序设计的逻辑线索，有必要就程序开发过程与方法进行探讨。

在前面的课程中，大家已经知道，程序开发可以通过输入和输出两个维度来思考推进。在输入维度上，主要以变量和方法为中心，解决参与运算的变量数据类型、个数等，然后对变量和方法进行定义，其核心是围绕方法声明进行抽象定义；然后在main()方法中调用有关方法解决实际问题。面向对象程序设计这些原则仍然有效。不同的是，面向对象程序设计是以类抽象为中心展开的，方法抽象包裹在类定义中。因此，输入和输出在面向对象程序设计中应该分别对应类定义和类使用两方面，其核心是类的抽象定义。它执行3个原则：类的定义与使用相分离，方法的定义与使用相分离，方法定义在类定义中。从类使用的角度来看，用户在不知道方法是如何定义并实现的情况下，就可以使用方法。从以上分析可以看出，在掌握了以上两种分离原则以后，面向对象程序设计的核心仍然是方法抽象定义问题。一个复杂的程序设计问题可以切分为几个关键子问题，而这些子问题往往可以定义一个类下多个成员方法或多个类下多个成员方法进行实现。

当确定了核心是方法定义以后，可分别从问题和代码实现的角度来推进程序开发过程。从问题的角度，可以将相对复杂抽象的问题具象化，将大的问题拆分成小问题，例如，将方法定义拆分成确定方法头和方法体，在方法头中又拆分为方法的返回类型、方法的参数列表、方法体中的返回语句等。从代码实现的角度，通过逐步求精的方式具象代码。刚开始可以初步拟定几个方法，然后再逐步填充这些方法。

例7-8 (1) 现有m行n列的二维数组，请输入每个数并实现输出。

(2) 分别对每个纵列相加求和并输出。

分析：下面从问题和代码实现两个角度展开分析。

要求所有纵列之和包含两个问题：

(1) 分析某列数组之和如何实现；

(2) 分析每列数组之和依次实现输出。

首先从一个具体的 3＊3 的二维数组实例开始，然后再逐步抽象。

```
1    5    10
4    3    0
8    5    19
```

数组是通过数组下标地址参与运算的，故 1+4+8 有 a[0][0]+a[1][0]+a[2][0]，这种累积求和有：

```
s=a [0][0]
s=s+a [1][0]
s=s+a[2][0]
```

故有 s=s+a[i][0]。增加 for 循环实现完整的表示如下：

```
for(int j=0;j<array[0].length;j++)
    for(int i=0;i<array.length;i++)
        s[j]+=array[i][j];
```

从代码实现的角度，运用分治法和逐步求精的思想，可以分为定义类和使用类，即封装类和主类角度进行展开。在类的封装中，主要是求和方法的抽象定义，包括方法签名和方法体如何定义；在主类中，使用对象解决问题、确定行列数、输入数组的一系列数据、调用定义类中的方法求和、输出内容等。对于本题而言，核心是要把握二维数组的规范表示、方法求和的抽象实现过程和主类中实现纵列数据之和输出的代码实现。

1. 二维数组的规范表示

[**知识点**]　二维数组数字的输入。

```
int[][] a=new int[m][n];            //分配内存空间
    for(i=0;i<m;i++)
        for(j=0;j<n;j++)
```

[**知识点**]　二维数组数字的规范输出。

```
for(i=0;i<m;i++)   {
    for(j=0;j<n;j++)
    System.out.println(a[i][j]); //这种表示是输出一个数就换行,不符合数组矩阵形式
```

处理方法：①增加换行 println；②加空格，如 a[i][j]+" "；③for(i)后增加大括号{}。

```
    System.out.print(a[i][j]+"  ");        //通过空格加双引号实现
System.out.println( ); }                   //或 print ("\n");
```

小结：换行是二维数组与一维数组的典型不同。

2. 方法求和的抽象实现过程

声明首先确定方法名、方法参数，然后是方法体，最后根据 return 确定方法的返回类型。下面将方法定义的常见陷阱或可能出现的错误进行分解说明。

(1) 方法定义的参数和返回类型是一维数组还是二维数组？

方法定义是解决求和问题，运算对象是二维数组，故形参为二维数组：

```
colnum(int[][] array){ }
```

方法体的作用是求二维数组各列之和，最终得到一个一维数组。根据方法体结果与返回类型相一致的原则，其返回类型也为一维数组。

(2) 二维数组中的数组长度表示方法是 a.length，a[0].length 还是 a[i].length?

本题由于是求各列之和，故最终的输出结果受列的支配，为 s[j]。因此，for 循环列在外，行在内，故有：

```
for(int j=0;j<a[0].length;j++)
      for(int i=0;i<a.length;i++)
```

这里的关键在于范围 j<a[0].length 的限定，这里 a[0].length 实质是求列的长度。为何采用 a[0].length 而不是 a[i].length? 由于是连续的数组，a[0] .length 和 a[1].length、a[i].length 意义相同。但若 0 用 i 取代，由于 i 在下一行才初始化，此时 i 还没有声明。也就是说，当列长度在前时，一般采用 0 来实指 a[0].length，而不采用 a[i].length。

(3) 最终返回结果声明为 return s 还是 return s[j]?

要返回的是整个数组，而不是某一个具体的值。

```
int[] colnum(int[][] array) {
   int[] s=new int[array[0].length];
   for(int j=0;j<array[0].length;j++)   //列长度在行长度前,可实指
   for(int i=0;i<array.length;i++)
      s[j]+=array[i][j];
   return s;
}
```

3. 主类中实现纵列数据之和输出的代码实现

首先，要输出的是纵列数据 s[0]，s[1]，s[2]，s[3]，即输出的是一维数组，其数组长度与列相等。故要构建一维数组：int[] col=new int[n];。要调用方法需要创建该方法所属的类，获得对象，通过“对象名.成员名”进行调用。故有：

```
ArraySum as=new ArraySum();
col=as.arraySum(a);                              //将类的成员方法赋值给一维数组
```

直接为 as.arraySum(a)能否输出纵列的每一个值呢？这是一个数组变量，它是地址。

如果要输出每一个值，其内容该为 col[i]。要将 for 循环考虑进去。

```
for(j=0;j<col.length;j++)
    System.out.println("第"+(j+1)+"列数的和="+col[j]);
```

代码如下：

```
import java.util.Scanner;
public class App7_8{

    public static void main(String[] args){
        Scanner input = new Scanner(System.in);
        System.out.print("输入行数 m=");
        int m=input.nextInt();
        System.out.print("\n"+"输入列数 n=");
        int n=input.nextInt();
        Trans t=new Trans();
        int[][] a = new int[m][n];
        a= t.twoArrayInput(m,n);          //调用二维数组输入
        int[] col=t.arraySum(a);          //调用求和方法实现求和
        for(int j=0;j<col.length;j++){    //输入每一列之和
            System.out.println("第"+(j+1)+"列的数据为"+col[j]);
        }
    }
}
//类定义，包括求和方法和二维数组输入方法定义
class Trans{
    //定义求和方法，根据输入确定形参类型，根据方法体输出确定返回类型
    int[] arraySum(int[][] array){
        int[] s=new int[array[0].length];
        for(int j=0;j<array[0].length;j++){
            for(int i=0;i<array[j].length;i++)
            s[j]+=array[i][j];            //求每一列数之和
        }
        return s;                         //返回一维数组
    }
    int[][] twoArrayInput (int m,int n){  //定义一个二维数组
        Scanner input = new Scanner(System.in);
        int[][] a = new int[m][n];
        for(int i=0;i<a.length;i++){
            System.out.print("键盘输入第"+(i+1)+"行的所有数据:");
            for(int j=0;j<a[i].length;j++)
            a[i][j]=input.nextInt();      //键盘动态输入一个二维数组
        }
        return a;
```

```
    }
}
```

综上所述，在编写程序代码的过程中，最朴素的思想是强调基础知识和化繁为简的原则。本题中的基础知识包括二维数组的定义；键盘输入的表示方法；参数的传递方法；二维数组数据的输入与输出方法；累积求和、for 循环等。编写类定义和方法定义强调将大任务分解为几个小问题，化繁为简，落实分治法和逐步求精的原则。

7.8 包

对于大型的 Java 项目会涉及很多类，不同类之间可能存在同名问题导致命名冲突。为了解决上述问题，Java 引入了包(package)机制，提供了类的多层命名空间，用于解决类的命名冲突、类文件管理等问题。

包，英文表示为 package，一个包代表一个文件夹。它是用来组织相似类的，每个包都由类的集合组成。按照惯例，类名是以大写字母开头，包名一般用小写。在同一个包中的两个类程序之间的可见性限制相对较少，相反，在不同包的不同类程序之间的可见性限制较多。通过包名，可以避免与其他包中的类同名的冲突，如前面频繁使用的 Circle 类。

Java 提供了一些预定义的包，包括 java.io，java.lang 和 java.util。java.lang 包包括 Math、String、System 和 Integer 等各种常用的类。Java.util 包包括类 Date、Random 和 Scanner 等。Java.io 包用于 I/O，还包括第 10 章介绍的各种流类。为了表明类是包的一部分，必须在类定义的首行包含 package 语句，同时，将所编写的类放在适当的子目录中。

JDK 中的默认包是 java.lang.*，在使用 Math、String、System 等类均不需要 import 指令，这是程序自动导入 java.lang.* 的结果。但如采用 Scanner、Date、Random 类，这些类因不在 java.lang.* 中，则需要使用 import 语句显式声明。例如：

```
import java.util.Sanner;
import java.util.Date;
Import java.util.Random;
```

很容易在集成开发环境 Eclipse 中编写相应的源程序时看到源程序的类上包含有关的 package 声明和 import 语句声明。由于 Eclipse 是集成开发工具，在编写类的操作中就自动生成或者带上了上述语句，所以大家对它不是特别留意，但要明确它的实际意义，以期在不同地方正确使用它。

7.9 Java 程序设计的本质

面向对象编程关注的是程序和对象、对象和对象之间的交互，其实质是用程序世界的语言解决现实世界的难题。成员变量、成员方法、类、抽象类和接口(见第 9 章)等核心概念构成了程序世界，属性、行为、对象构成了现实世界。连接程序世界和现实世界需要创

建对象，构建类的实例；或者需要将对象抽象化，形成类、抽象类或接口。其具有如下特征。

(1) 对象代表真实世界中的实体，程序设计需要定义对象的类。

(2) 多数的方法都是对象方法(如 Scanner 中的 nextInt()方法)，它需要通过对象引用，而不是类方法(如 Math 类中的方法)，它通过类来引用。二者的差异在于类方法的原型是被 static 修饰的方法。

(3) 对象之间相对隔离，其交互方式是被限制的，不允许一个对象直接访问另一个对象的实例变量，而需要通过调用方法来访问。

(4) 类被组织成树状结构，新类可以扩展现有类，添加新的方法，或者替换现有类已有的方法。例如，所有的类均是 Object 类的子类，Object 类中的 toString()方法可以重写。

(5) 在 Java 语言中，当创建的对象不再被任何对象变量引用时，会自动回收这些对象占用的内存，这种技术称为垃圾回收。Java 语言可以通过 Java 虚拟机自动识别内存占用情况，如果判断内存不足，可能会回收这些对象的内存，否则，虚拟机不会试图回收。

本章习题

1. 面向对象程序设计中包含成员变量、局部变量和形式参数 3 种类型的变量，在类中实现参数传递需遵循什么原则？如果形式参数与成员变量同名，在传值时有何要求？试举例说明。

2. 先定义一个教师类 Teacher，它封装了如下内容。

(1) 3 个成员变量：

```
strNo                                                   //表示工号
strName                                                 //表示姓名
intWorkAge                                              //表示工龄
```

(2) 4 个成员方法：

```
Teacher(String no, String name, int workAge)            //构造方法
getTeacherNo()                                          //获取教师工号
getTeacherName()                                        //获取教师姓名
getTeacherWorkAge()                                     //获取教师工龄
```

接着再定义一个类 TeacherTest，用来调用 Teacher 类，具体如下：

在 Teacher 类的 main()方法中创建一个工号为 0234、姓名为张三、工龄为 35 年的对象 t1，然后输出 t1 的工号、姓名和工龄。

3. 编写一个完整的 Java Application 程序，包括 Person 类和 TestPerson 类，试通过参数传递实现对问题求解。具体要求如下。

(1) Person 类包含以下属性。name：String 对象，表示姓名；id：String 对象，表示身

份证号;E-mail：String 对象,表示邮箱。方法：Person(String name,String id),void setEmail(String email)。Public String toString()：返回个人的各项信息,包括姓名、id、E-mail 等信息。

(2) TestPerson 类作为主类,完成如下测试功能。

用以下信息生成一个 Person 对象 aPerson，姓名为张三;身份证号为 220000196605670000，设置 E-mail 为 may@126.com,输出对象 aPerson 的各项信息。

4. 现有一个 4 * 2 维数组{{214,563},{325,681},{78,65},{34,56}},试求该数组的最大值和最小值。

5. 自定义一个 5 * 5 的矩阵,试对所有行求和后将其输出。

6. 数据科学专业 m 位同学参加 Java 程序设计、数据科学和大学英语三门课程的期末考试。请从键盘输入班级人数、每位同学姓名和学号,对应的各门课程分数。参考信息如下：

studyID	name	Java	Data Science	College English
S005	liming	99	95	93

求：

(1) 请输出每位同学的姓名和学号。

(2) 第 18 位同学的期末总成绩并输出。

Chapter 8

第 8 章

面向对象的特性

本章主要内容：

- 访问权限与私有成员；
- 访问器与修改器；
- 构造方法；
- 静态变量、常量与类方法。

第 7 章讲到，面向对象程序设计是以类的封装为核心的，不同于面向过程中以方法的封装为核心。要访问类中的成员需要构建类的实例，获得对象名，然后通过“对象名.成员”的方式进行访问。然而，这一访问要求该对象所属的类能够访问才行，并不是任何类都可以被外部的 main 类所访问。类、成员变量和成员方法均存在一定的访问权限，只有在权限内才能被访问，否则不能被访问。访问权限由修饰符控制。本章介绍可访问性修饰符。

在创建对象时，会获得一种特殊的方法，它具有方法的一般性质，但又有自身独有的特性，这就是构造方法。创建对象所获得的是类的实例，故类中的成员又称为实例成员，包括实例变量或实例方法。但有一些方法并不需要通过对象名去调用方法，如 Math.PI 和 Math.sin()，这类方法可以直接通过“类名.成员名”加以调用，它们称为静态成员，静态成员是被 static 所修饰的成员，它具有不同于实例成员的性质。

8.1 访问权限与私有成员

可见性修饰符可以用于确定一个类以及类中成员变量和方法的可访问性，达到控制访问权限的目的。基本的可见性修饰符有 public、private、缺省修饰符和 protected 四种。所有修饰符均可用于类的成员修饰，但只有 public 和缺省可用于类的修饰。可见性修饰符更多集中在类的成员上。

类或成员使用缺省修饰符，可以被同一文件夹中的任何类访问，即**包访问权限**；被 public 修饰的类或成员可被任何**其他类**所访问，具有**最高访问权限**。public 可用于修饰类和类的成员，不能用于修饰局部成员。为了提高安全性，应减少公共成员 public 的使用。

被 private 修饰的成员具有最低访问权限；为了避免对数据域的直接修改，常用 private 将数据域声明为私有，这称为数据域的封装。private 将数据域声明为私有能够避免对数据域的直接修改，以提高安全性。private 修饰符限定方法和数据域只能在它自己的类中被访问。修饰符 private 只能应用在类的成员上，在局部变量上使用会导致错误。

```
class Circle{
    private double radius;
    double area(){
        return  Math.PI * radius * radius;
    }
}
```

8.2 访问器和修改器

为了避免类外的对象对数据域的直接修改，应该使用 private 修饰符将数据域声明为私有，但是，经常会有客户端需要存取、修改数据域的情况。为了能访问和更新私有数据域，可提供一个 get()方法返回数据域的值，和 set()方法给数据域设置新值。get()方法也称为访问器，set()方法称为修改器。这称为**数据域封装**。

访问器名称通常以 get 或 is 开头，加上需要访问的字段名称。通常访问器方法没有参数，但必须有返回值；修改器名称通常以 set 开头，加上需要修改的字段名称。通常包含参数列表，其返回值为 void 类型。语法如下：

```
get():public returnType getPropertyName()
```

如果返回类型是 boolean 型，则有 public boolean isPropertyName()

```
set():public void setPropertyName(paralist)
```

例 8-1 现有一个圆形茶杯实体，试定义一个圆，将其半径声明定义为私有成员，并构建访问器和修改器。假如半径为 2.8，试输出该茶杯的底面积。

```
class Circle {
    private double radius;
    final static double PI=3.14;
    public void setRadius(double radius){
        this.radius=radius;
    }
    public  double getRadius(){
        return radius;
    }
    double area(){
```

```
        return PI * radius * radius;
    }
}
public class App8_1{
    public static void main(String[] args){
        Circle c = new Circle();
        c.setRadius(2.8);                                    //错误赋值 c.radius=2.8;
        System.out.println(c.getRadius());
        System.out.println(c.area());
    }
}
```

说明：当半径变量 radius 定义为私有成员后，意味着不能被外面的类所访问。如果外面的类需要获得该半径的值，可以定义访问器和修改器，前者可以实现安全访问，后者可以传值。它们作为方法的可见性修饰符，一般为 public 权限或者包访问权限。

8.3 构造方法

当使用 new 来创建对象时，将调用类名()，这在 Java 语言中有一个特殊的称谓——构造方法。在类定义中，可以定义多个构造方法。构造方法用来初始化实例变量。作为一种方法类型，构造方法与其他普通方法有相似之处，如可以实现方法的重载，在一个方法内调用另一个方法，但有以下不同。

- 构造方法名与类名同名，首字母大写；
- 构造方法没有返回类型和返回值；
- 构造方法不能像类方法那样被 static 修饰，类方法相关内容见 8.4 节；
- 构造方法间的调用需要用 this()替代方法名，且 this()必须出现在调用构造方法的首行。

例 8-2 现有人物类 Person，包含名称和年龄两个属性，试将所有变量定义为私有成员并构建相应的修改器和访问器，定义构造方法实现传值。现有两个学生对象，试在类定义中定义一个比较方法 compare(Person p)，比较两个对象是否相等。如果相等，输出 true；否则，输出 false。

```
class Person {
    private String name;
    private int age;
    public Person(String name,int age){
        this.setName(name);     //调用 setName(name)方法，与 this.name = name 等效
        this.setAge(age);       //调用 setAge(age)方法，与 this.age = age 等效
    }
    public void setName(String name){
        this.name = name;
```

```
    }
    public void setAge(int age){
        this.age = age;
    }
    public int getAge(){
        return age;
    }
    public String getName(){
        return name;
    }
    public boolean compare(Person p){
        Person p1 = this;     //调用此方法包含当前对象和参数对象 p,这里必须采用 this
        Person p2 = p;            //定义的 p1 和 p2 可以省略,直接用 this 和 p 替代
        if(p1==p2){               //比较两个对象地址是否相等
            return true;
        }
        //分别判断每一个属性是否相等。如果所有属性成员相同,那么值为真
        if(p1.getName().equals(p2.getName())&&p1.getAge()==p2.getAge()){
        //等效 if(p1.name.equals(p2.name)&&p1.age==p2.age){
            return true;
        }else
            return false;
    }
}
public class App8_2{
    public static void main(String[] args){
        Person p1 = new Person("Zhang",25);
        Person p2 = new Person("Zhang",25);     //改变字符串大小写,看结果如何
        boolean p=p1.compare(p2);   //比较两个对象,虽然对象地址不相同,但是对象里
                                    //的成员相同
        System.out.println(p);

    }
}
```

输出结果：

```
true
```

说明：本题涉及多个知识点。其一，定义比较对象 compare(Person p)，其在方法定义上既可以使用 equals()，也可以使用==，二者可以交替使用。两个对象相等，意味着两个对象的地址和属性均相同，故在 compare()中有以上定义。值得注意的是，compare(Person p)所属的类为当前对象，表示当前对象必须采用 this()、compare()方法中的参数为比较对象 p。本题中声明两个对象变量 p1 和 p2，这样便于理解，事实上也可以省略

它们，直接用 this 和 p 进行替代，并不影响程序，但会增加程序理解的难度。其二，本题采用构造方法进行传值，体现了构造方法与一般方法具有相同的功能，定义了以下内容：

```
public Person(String name,int age){
    this.setName(name);
    this.setAge(age);
}
```

其方法体表示等效于：this.name = name，this.age = age。通过构造方法传值的好处在于直接在创建对象时就调用了构造方法，同时进行了传值，不再需要单独构建更多的一般方法用于传值，提高了代码的效率。

例 8-3　针对圆柱形茶杯这一实体，假如茶杯底半径、高、颜色分别为 2.5，5，蓝色，试定义两个构造方法，一个为无参构造方法，一个为传值的有参构造方法，最终输出该茶杯的容量以及所有属性值。

```
public class App8_3 {
    public static void main(String[] args){
        Cylin8 volu = new Cylin8(2.5,5,"蓝色");
        System.out.println(volu.volume());
        System.out.println(volu);
    }
}
class Cylin8{
    private double radius;
    private double height;
    private String color;
    double area(){
        return radius * radius * Math.PI;
    }
    double volume(){
        return area() * height;

    }
    public String toString(){
        return "圆柱的颜色为:"+color+"底半径"+radius+"高"+ height;
    }
    private Cylin8(){                                //定义无参构造方法
        System.out.println("调用无参构造方法");
    }
    public Cylin8(double r,double h,String str){     //传值构造方法
        this();                   //在当前构造方法内调用另一个无参构造方法,放在首行
        radius=r;                                    //形式参数向成员变量赋值
        height=h;
        color=str;
```

```
            System.out.println("调用有参构造方法");
        }
    }
```

输出结果：

```
调用无参构造方法
调用有参构造方法
98.17477042468104
圆柱的颜色为:红色,底半径 2.5,高 5.0
```

说明：例 8-3 通过定义两个构造方法讨论了构造方法的调用机制。在传值构造方法中调用同名的无参构造方法，需要使用 this(参数列表)，且位于首行，本题调用的是无参方法，故为 this()。由于构建类的实例与构造方法是一体的，而定义任何类本质上都是被外部类所调用，所以类不能被 private 修饰，因此，构造方法一般也不能被 private 修饰，除非有多个构造方法。如果用 private 修饰，该构造方法将无法被外部类所调用，不能创建对象。如果要保证能够正常创建对象，该类就必须有非 private 修饰的构造方法。本题中，无参构造方法用 private 修饰，但由于还有其他构造方法供外部类调用，无参构造方法只是在本类中被调用，故不影响。假如本题在外部类的 main()方法中通过无参构造方法创建对象，Cylin8 volu = new Cylin8()，程序会报错。

本节中讨论了构造方法的定义和使用，一些读者可能会有疑问，前面我们并没有构造方法，那么构造方法发挥作用了吗？前面没有构造方法，是因为当构造方法没有显式定义时可以隐藏，省略不写，但解释器在运行类的实例时，会自动调用方法体为空的无参构造方法。换句话说，如果类中没有任何构造方法定义，该程序定义了一个默认的无参构造方法，且这个方法的方法体为空，形如：

```
Cylin(){}
```

一旦程序像例 8-3 那样显式定义了非空的无参构造方法，那么该方法将覆盖掉原来方法体为空的默认构造方法。

试一试：假如去掉 this()，看输出结果如何？这一结果说明了 Java 语言调用构造方法有何特点？

8.4 静态变量、常量与类方法

对类创建一个对象，所获得的成员变量或方法为实例成员。如例 8-3 类的定义中出现的 Circle 中的 radius，Person 中的 name，age。如果有两个对象，则相应的成员互不影响。如果想让一个类的所有实例共享数据，就需要使用类变量，也称为静态变量（static variable）。静态变量是被 static 所修饰的变量，静态变量将变量值存储在一个公共的内存地址。因为是公共的地址，如果某一个对象修改了静态变量的值，则同一类的所有对象都将受到影响。Java 支持静态变量和静态方法，无须创建类的实例，就可以调用静态方法(static method)。其语法如下：

```
类名.成员名;                    //规范表达
对象名.成员名;                  //可以使用,但本质上会按照"类名.成员名"执行
```

由于静态成员的规范引用依托类进行，故静态方法也称为类方法。例如，在第 7 章介绍面向对象程序设计以前，所采用的方法定义均是被 static 所修饰的类方法。在 Math 类中的所有方法均是类方法，其访问为 Math.sin(x)。类方法不能访问类中的实例变量和实例方法，它只能访问静态成员。例如，类名为 Circle 中的静态方法中，如果涉及同名参数传值问题，不能以当前对象 this 进行表述，例如，this.radius＝radius，而应采用“类名.成员名”的表达方式：Circle.raidus＝radius。

类中的常量是被该类所有对象所共享的。因此，常量严格完整的声明为 final static，例如，Math 类中的常量 PI 的定义如下：

```
final static double PI =3.14159265358979323846;
```

总之，static 体现的是类似于 C 语言中全局变量的性质，本书在前 6 章中，包括 main()方法在内的所有方法定义均是静态方法，这跟 C 语言的定义是一致的。但 Java 语言作为面向对象编程的语言，一般不希望使用 Java 编写 C 风格的代码，更多要体现面向对象语言编程的封装原则，并通过对象名或类名进行方法调用。

例 8-4　试定义一个 Circle 类，试根据 main()方法中的调用情况求茶杯的个数。

```
class Circle8 {
    double radius;
    static int countObject=0;

    public  double getRadius(){
        return radius;
    }
    double getArea(){
        return Math.PI * radius * radius;
    }
    public Circle8(){                    //定义无参构造方法,求茶杯个数
        radius=1;
        countObject++;                   //等同于 countObject=countObject+1
    }
    public Circle8(double newRadius){
        radius=newRadius;
        countObject++;
    }
    static int getCountObject(){         //静态成员 countObject 需要与静态方法搭配
        return countObject;
```

```
    }
}
public class App8_4 {
    public static void main(String[] args){
        System.out.println(Circle8.countObject); //没有创建对象 m 前计算茶杯个数
        Circle8 m = new Circle8();
        System.out.println(m.countObject);       //创建对象 m 后计算个数
        m.radius=9;
        Circle8 n = new Circle8(5);              //创建对象 n 后计算个数
        System.out.println(m.countObject+"\n"+m.getRadius());
        System.out.println(n.countObject);
        System.out.println(n.getRadius());
        System.out.println(Circle8.countObject);
    }
}
```

输出结果：

```
0
1
2
9.0
2
5.0
2
```

说明：从结果可以看出，在创建对象 m 之前，创建对象 m 之后，创建对象 n 之后输出的茶杯个数发生了从 0 到 1 到 2 的改变。从类的定义 Circle8 来看，例 8-4 要求计算茶杯的个数，每调用一次 Circle8，就有一个茶杯，因此，需要定义静态变量 countObject。本例中定义了两个构造方法，均用来计算茶杯个数。从输出表示来看，countObject 作为静态变量，不同于实例成员必须依靠“对象名.成员名”来表示，在静态成员中，如果有对象名，既可以通过“对象名.成员名”，也可以通过“类名.成员名”来表示，m.countObject()和 Circle8.countObject()两种表示方法均输出了正确的结果就说明了这一点。从 m.getRadius()和 n.getRadius()的输出结果 9 和 5 来看，二者的变量输出结果不同，这是因为 radius 是实例成员，不是类成员所导致的，反映了类变量和实例变量的不同性质。此外，static int getCountObject()方法，其方法体为静态变量 countObject，根据静态方法只能调用静态变量的性质，故其方法头 getCountObject()必须被 static 所修饰。

本章习题

1. 判断题

(1) 声明一个类，可以使用的权限修饰符只有 public 和缺省两种。

(2) 即使一个类中未显式定义构造方法，系统也会分配一个缺省的构造方法，该缺省构造方法为无参，且方法体为空。

(3) 在 Java 源程序文件中，可以包含多个类，且在各个类名之前，都可以使用 public 修饰符。

2. 试在集成开发环境中完成以下代码。

```
class A{
    int x;
    static int y;
}
public class StaticCompareDemo {
    public static void main(String[] args) {
        A  a1=new A();
        A  a2=new A();
        A.y=10;
        a1.x=1;  a1.y=2;
        a2.x=11; a2.y=12;
        求 a1.x, a2.x, a1.y, a2.y, A.y 的值;
    }
}
```

3. 观察下面程序代码的静态修饰符，以下代码正确吗？为什么？试改正出现错误的地方。

```
class Circle{
    double radius;
    static double pi=3.1;
    void setRadius(double radius){
    this.radius=radius ;  }
static void setPi(double pi){
    this.pi=pi        ;}
    double area(){
        return pi * radius * radius;
    }
}
```

4. 类的公共成员和私有成员有何不同？如何定义私有成员并构建修改器和访问器？静态变量和实例变量有何不同？在何种条件下使用？

5. 假如在同一个类中出现了以下方法同名，但参数列表不同的方法，他们分别用于处理电话、电表和网络缴费。这种表达正确吗？为什么？

```
void pay (int phoneNumber)
void pay(long consumerNumber)
void pay(long consumerNum, double amount){
```

6. 请按要求设计一个课程类 Course，它封装了如下内容。

(1) 3 个成员变量：

```
courseID                                                    //课程代号
courseName                                                  //课程名称
credit                                                      //课程学分
```

(2) 4 个重载的构造方法：

```
Course()                                                    //默认的构造方法
Course(String courseID)                                     //单参数的构造方法
Course(String courseID,String courseName)                   //两个参数的构造方法
Course(String courseID,String courseName, int credit)       //3 个参数的构造方法
```

要求：Course(String courseID,String courseName)构造方法要调用 Course(String courseID,String courseName, int credit)构造方法。

7. 试阐述封装的 3 种类型。它们各自有何特点？哪一种封装需要定义修改器和访问器？

Chapter 9 第 9 章

继承、抽象类与接口

本章主要内容：

- 继承；
- super 关键字；
- 类成员的可访问性；
- 抽象类；
- 多态；
- 对象转换和 instanceof 操作符；
- 接口；
- 接口的等价性；
- 面向对象的性质。

9.1 继　　承

继承是面向对象编程最显著的特征之一。继承是对已有的类进行扩展，从而定义新的类型。已有的类称为父类(SuperClass)，新类称为子类(SubClass)。继承的优点在于可以在不修改父类的情况下添加方法和实例变量。对于编程来说，这是很有用的，它可以实现代码的复用。Java 语言中，所有的类都继承自另外的类，最基本的类是 Object 类，该类不包含实例变量，但是提供了 equals()和 toString()等方法。有时候，类的继承链非常长。从这个角度看，类与类之间的关系犹如"家谱树"一样，体现出层级结构。继承语法如下：

```
class SubClass extends SuperClass{
    类体;
}
```

例 9-1　在人物类 Person 的基础上编写学生类 Student。Person 类定义两个私有成员属性：姓名和年龄，学生类增加院系信息。试在 Person 类中定义传值方法 setNameAge()，并输出学生信息。

```
//定义 Person9 类作为父类
public class Person9 {
    private String name;                             //定义私有变量 name
    private int age;                                 //定义私有变量 age
    //定义修改器和访问器
    String getName(){
        return name;
    }
    void setName(String name){
        this.name=name;
    }
    int getAge(){
        return age;
    }
    void setAge(int age){
        this.age = age;
    }
    //定义无参构造方法 Person9();用于测试这个方法是否被调用
    public Person9(){
        System.out.println("调用了个人构造方法 Person9()");
    }
    //定义传值方法 setNameAge();
    public void setNameAge(String name,int age){
        this.name = name;
        this.age = age;
    }
    public void roll{
        System.out.println( "姓名:"+name+"\t 年龄"+age);
    }
}
public class Student9 extends Person9  {             //子类继承
    private String department;                       //定义私有成员变量 department
    public Student9(){
        System.out.println("调用了学生类构造方法 Student9()");
    }
    public void setDepartment(String dep){
        department = dep;                            //不同名成员变量传值
        System.out.println("我是"+department+"的学生");
    }

    public String getDepartment(){
        return department;
    }
}
```

```
public class App9_1 {
    public static void main(String[] args) {
        Student9 stu1 = new Student9();
        stu1.setNameAge("李孟",21);
        stu.roll();
        stu.setDepartment("公共管理学院");
    }
}
```

输出结果：

```
调用了个人构造方法 Person9()
调用了学生类构造方法 Student9()
我是公共管理学院的学生
姓名:李孟
年龄:21
```

说明：例 9-1 中 Student9 类继承了 Person9 类。在该类中引入了私有字符串变量 department。本例在父类和子类中均显式定义了无参构造方法。从输出结果可以看出，运行子类 Student9，它首先会调用父类构造方法，然后才调用自身的构造方法。需要指出的是，如果父类显式定义了无参构造方法，子类也必须显式定义无参构造方法，否则程序会出错。读者可以试一试，假如去掉子类中的构造方法，会出现何种结构；假如进一步去掉子类 Student9 后面的 extends Person9，观察在没有继承时，App9_1 中又会出现哪些异常情况。通过这类代码微修改操作有利于对比，更好地明确程序设计中的有关性质。

9.2　super 关键字

子类调用父类的成员，需要使用 super 关键字。具体而言，分为如下两类情况。

(1) 子类的成员调用父类的成员：使用"**super.成员名**"，而且父类的成员变量或方法不能被 private 所修饰，可以被 protected 修饰。

(2) 子类中的构造方法调用父类的构造方法，使用 super()，且位于子类方法体的首行。

例 9-2　在例 9-1 的基础上，在父类 Person 和子类 Student 中定义有参的构造方法用于传值，同时为了简化代码并聚焦问题，去掉例 9-1 中的无参构造方法，并将父类中的姓名和年龄修饰符换为 protected。观察子类 Student 中有关传值方法和构造方法的内容，并比较二者间的差异，同时根据输出结果分析程序调用相关方法的顺序，以及对应方法体中的变化。这里为了不致发生冲突，在相应的类名后面进行了数字标注，例如，新的 Person 类用 Person99 进行表示，这里表示第 9 章第 2 个 Person 程序，以示区分。

```
public class Person99 {
    protected String name;                              //定义 protected 变量 name
```

```
    protected int age;                              //定义 protected 变量 age

    public void setNameAge(String name,int age){   //定义 void()方法传值
        this.name = name;
        this.age = age;
    }
    //定义构造方法传值
    public Person99(String name,int age){
        this.name = name;
        this.age = age;
    }
    public void roll(){
        System.out.println("姓名:"+name+"\n 年龄:"+age);
    }
}
public class Student99 extends Person99 {          //子类继承父类
    private String department;                      //定义私有成员 department
    public Student99(String name,int age,String dep){
        super(name,age);                  //调用父类的有参构造方法,super()需在第一行
        department = dep;
        System.out.println("我是"+department+"的学生");

    }
    public void setNameAgeDpart(String name,int age,String dep){
        super.setNameAge(name,age);           //super 调用父类有参方法 setNameAge()
        department = dep;
    }
    public String getDepartment(){
        return department;
    }
    Public String toString(){
        return "姓名:"+super.name+",年龄:"+super.age+",院系:"+department;
    }
}
public class App9_2{
    public static void main(String[] args){
        Student stu2 = new Student99("李明",20,"文化遗产学院");
        //采用有参构造方法
        stu2.roll();                                  //调用有参的构造方法,输出结果
        Student stu3 = new Student99();               //采用无参构造方法
        stu3.setNameAgeDpart("江珊",21,"新闻传播学院 ")
        System.out.println(stu3.toString());
    }
}
```

输出结果：

```
我是文化遗产学院的学生
姓名:李明
年龄:20
姓名:江珊,年龄:21,院系:新闻传播学院
```

说明：从子类的定义来看，子类构造方法 Student99 用于传值。按照一般的构造方法传值，本应该定义“this.name = name;this.age = age; department = dep;”，但如今在子类中进行定义，故这里的 this 均要用 super 进行替换，形如 super.name=name 这种表示。除了这种表示以外，也可以采用其他方法进行替换。例如，在父类构造方法 Person99(String name,int age)中，同样包含“this.name = name;this.age = age;”这段代码，故可以调用父类构造方法以实现调用上述代码，根据子类构造方法调用父类构造方法的语法原则，应该采用 super(name,age)。值得强调的是，super()必须在方法中的首行引用。从输出结果来看，程序先后采用了有参构造方法和无参构造方法输出。从子类传值方法 setNameAgeDpart(String name,int age,String dep)可以看出，它也采用 super()方法。所不同的是，由于是引用一般成员方法，故采用 super.父类成员方法名。其实质是父类 void 方法 setNameAge()方法体中的语句调用：

```
this.name = name;
this.age = age;
```

由于如今是在子类中调用父类，故以上语句应为

```
super.name = name;
super.age = age;
```

换句话说，super.setNameAge(name, age)可以由以上语句替换，最终输出的结果是一致的。

在 toString()方法中体现了 super.父类成员变量名。值得注意的是，如果 name 和 age 不采用 protected 修饰，而采用 private 修饰，可以在子类中使用“super.父类成员变量名”这样的表示吗？试在程序代码中将 protected 用 private 替换，然后观察 toString()方法体中代码是否出现错误。

9.3　类成员的可访问性

在程序中经常需要允许子类访问定义在父类中的数据域或方法，但不允许位于不同包中的非子类的类访问这些数据域和方法，protected 修饰符可实现这一目标，它能够在子类访问父类中受保护的数据域或方法。例 9-2 中正体现了 protected 修饰符的功能。

至此，已经对 protected、缺省、private 和 public 的访问权限通过实例进行了逐一介绍，它们均称为可见性修饰符。其可见性递增顺序如图 9-1 所示。

可见性递增 →

protected、缺省、private、public

图 9-1　可见性修饰符的可见性递增顺序

修饰符 private 和 protected 只能用于类的成员。public 修饰符和缺省修饰符既可用于类的成员，也可用于类的修饰。缺省修饰符的类只能具有包访问权限，不能被其他类所访问，被 public 修饰的类可以被不同包所访问，其权限最高。被 protected 修饰的父类成员既可以在同一个包类由子类所访问，也可以在不同的包中被子类访问。表 9-1 总结了类中成员的可访问性。

表 9-1 类中成员的可访问性

类中的成员修饰符	同类可访问	同包可访问	不同包中的子类可访问	不同包可访问
public	√	√	√	√
protected	√	√	√	
缺省	√	√		
private	√			

9.4 抽 象 类

类的继承体现出层次结构关系，前面更多在关注子类而对父类的定义讨论较少，每个新的子类都使类变得更加具体。反过来，从子类向父类往上追溯，类就会变得更加通用、更加抽象。有时候，一个父类设计得非常抽象，以至于它都没有任何具体的实例。这样的类称为**抽象类**(abstract class)。无论怎样，类的设计应该确保父类包含它的子类的共同特征。当定义为抽象类要用 abstract 关键字。例如，定义一个形状的抽象类：

```
abstract class Shape{
    private String color;
    public String getColor(){
        return color;
    }
    public void setColor(String color){
        this.color=color;
    }
}
```

抽象类不能像普通类那样通过 new 关键字创建实例，这是抽象类区别于普通类的基本原则。抽象类只能通过 extends 关键字创建子类，然后由子类创建实例。例如，针对 Shape 抽象类，试判断下列两种表示是否正确：

```
Shape sp = new Shape();    ×
class Circle extends Shape {}    √
```

定义抽象类需要跟抽象方法联系在一起。抽象方法是指只有定义而没有实现方法体内容并用 abstract 关键字声明的方法。**抽象方法对于抽象类而言不是必需的**，但一个包含抽象方法的类必须声明为抽象类。例如，上面的 Shape 被声明为 abstract，但类体中并不包含抽象方法，这一声明仍然是正确的。抽象方法的声明在表示时不能有方法体，甚至连大括号{}也不能有。

例 9-3　定义一个形状抽象类，以该抽象类为父类派生出圆形子类 Circle 和矩形子类 Rectangle，试构建图形抽象类，并求圆和矩形的面积、周长。

```
//定义形状抽象类 Shape
abstract class Shape {
    protected String name;
    protected String color;
    public Shape(String name,String color){          //定义构造方法传值
        this.name = name;                            //构造方法同名传值
        this.color = color;
    }
    //定义抽象方法面积和周长
    abstract public double getArea();
    abstract public double getLength();
}
//定义子类 Circle9
class Circle9 extends Shape {
    private double radius;
    public Circle9(String name,String color,double r){
        super(name,color);
        radius=r;
    }
    public double getArea(){
        return Math.PI * radius * radius;
    }
    public double getLength(){
        return 2 * Math.PI * radius;
    }
}
//定义矩形子类 Rectangle9
class Rectangle9 extends Shape {
    private double width;
    private double height;
    public Rectangle12(String name,String color,double width,double height){
        super(name,color);
        this.width=width;
        this.height=height;
    }
    public double getArea(){
        return width * height;
    }
```

```
    public double getLength(){
        return 2 * (width+height);
    }
}
//主类
public class App9_3 {
    public static void main(String[] args){
        Shape sp1 = new Rectangle9("矩形","白色",6.5,10.3);
        System.out.println(sp1.name+"面积:"+sp1.getArea());
        System.out.println("周长:"+sp1.getLength());
        Shape sp2= new Circle9("圆","红色",4.6);
        System.out.println(sp2.name+"面积:"+sp2.getArea());
        System.out.println("周长:"+sp2.getLength());
    }
}
```

输出结果：

```
矩形的面积:66.95
周长:33.6
圆的面积:66.47610054996001
周长:28.902652413026093
```

说明：首先观察 Shape、Circle9 和 Rectangle9 三个类。Shape 为抽象类，定义了两个抽象方法：getArea()和 getPerimeter()。Circle9 和 Rectangle9 是 Shape 的子类，它们将 Shape 中的 getArea()和 getPerimeter()两个抽象方法具象化。在 Java 语言中，这种父类提供了某一方法，子类中提供一个方法的具体实现称为方法**重写**(**overriding**)，也可称为覆盖。最终可以获得矩形和圆的面积、周长。此外，这里 main()方法的输出有 sp1.name 和 sp2.name，它们分别输出各自的形状。试想，如果将抽象类 Shape 定义中的 protected 改为 private，此时还能采用 sp1.name 吗？

总之，抽象类的实质是不能被实例化的类，其应用体现在类与抽象类的 extends 关系。其具有如下性质。

(1) **不能被实例化(new)，但又需要应用实例——只能通过子类继承来实现。**

(2) **具有类的内容，即可有成员变量或成员方法。抽象类中只要类声明了抽象类，即使类体中没有抽象方法也为抽象类。**

(3) **具有类没有的性质：抽象类可包含抽象方法。**

9.5 多　　态

方法重写属于面向对象程序的多态性质。方法重写主要针对父类和子类继承关系，且方法的名称、返回类型和参数必须完全相同；方法重载(**overloading**)则是针对同一类中的多个名称相同、功能相似但参数不同的方法。值得指出的是，方法重写一定发生在父子关系中，但父类方法未必一定要求是抽象方法，换句话说，方法重写既可以作用于普通类，也可以作用于抽象类。

多态性质不仅体现在方法重写，还表现在使用父类对象的地方都可以引用子类的对象。继承关系下，每个子类的实例都是父类的实例，但反过来未必成立。例如，每个圆都是一个形状，但并非每个形状都是圆。因此，总可以将子类的实例传给需要父类型的参数。例9-3中的main()中的主类有语句：

```
Shape sp1 = new Rectangle9("长方形","白色",6.5,10.3);
Shape sp2= new Circle9("圆","红色",4.6);
```

这里就是应用了面向对象程序设计中的多态性质。本例中，创建了一个新的圆和一个新的矩形，并把它们赋值给形状变量sp1和sp2。如果仅仅是获得各自的面积和周长，这里Shape改为Rectangle9和Circle9更容易理解，且更加简明。但是，这样做不能体现圆和矩形之间的相关关系，但利用抽象类和继承的条件，将Rectangle9和Circle9定义为Shape类型，矩形和圆则属于同类相关对象，可以作为同类对象比较二者面积和周长等属性，这样能够进一步体现引入抽象类和抽象方法定义的优势。总之，多态意味着父类型的变量可以引用子类的对象。

方法可以在父类中定义，而在子类中重写。例如，toString()方法是Object类中定义的，但却可以应用在所有的类中返回字符串，方法重写不仅出现在抽象类定义的抽象方法及其重写中，也可能出现在一般类的继承关系中的方法重写。其实例如下。

例9-4 试定义父类手机Phone和子类智能手机。智能手机与普通手机的区别在于功能不同，智能手机除了打电话、发短信等普通功能，还能上网。试运用类的继承关系体现这种内容。

```
class Phone{
    protected void function(){
        System.out.println("打电话");
        System.out.println("发短信");
    }
}
class SmartPhone extends Phone{
    protected void function(){
        super.function();                           //调用父类中的 function
        System.out.println("上网");
    }
}
public class App9_4{
    public static void main(String[] args){
    Phone p=new SmartPhone();                       //获得智能手机作为手机的功能
        p.function();
    }
```

```
}
```

输出结果：

```
打电话
发短信
上网
```

说明：例 9-4 中定义了 Phone 和 SmartPhone 两个类。Java 语言中将父类 Phone 对象 p 前面的类 Phone 称为**声明类型**，将变量引用的对象的实际类 SmartPhone 称为**实际类型**。P 调用的到底是哪个方法是由 p 的实际类型所决定的。执行 p.function 这种现象称为**动态绑定**。只有符合方法重写的情形，才具有动态绑定的性质。此外，本例中的 function()方法并不是构造方法，而是普通方法。故在调用父类方法时需要执行 super.function()方法。本例反映了子类调用父类的普通方法进行重写，与抽象类环境下定义的抽象方法在子类中进行实现有一定区别，但是，它们均属于方法重写，体现的是多态的性质，可以进行动态绑定操作。

有时候需要防止类继承和重写，可以运用 final 修饰类。使用 final 修饰符表明一个类是最终类，它不能作为父类。例如，Math 类就是一个最终类，它无法实现继承。此外，String 以及所有基本数据类型的包装类都是最终类。

9.6 对象转换和 instanceof 操作符

在 9.5 节，Phone p=new SmartPhone()，由于 SmartPhone 类的实例也是 Phone 的实例，所以，语句 Phone p=new SmartPhone()是合法的，它称为隐式转换。

假设想使用下面的语句把对象引用 p 赋值给 SmartPhone 类型的变量：

```
SmartPhone s = p;
```

此时将会发生错误。因为此时的表示相当于手机对象就是智能手机对象，显然这并不成立。为了告诉编译器 p 是一个 SmartPhone 对象，就必须使用显式转换。其语法和基本类型转换语法几乎相同，均是采用“(**类型**)”表示，原来是基本类型，这里是子类对象的类型，即具体需要转换对象的类名。

```
SmartPhone s = (SmartPhone)p;
```

从以上分析可知，父类对象转换为子类变量，需要用显式转换，这种方式也称为向下转换；子类对象转换为父类变量，则为向上转换，不用显式体现。

为了确保转换成功，必须要保证转换的对象是子类的一个实例。为此，需要对转换的对象进行实例检测，这可以采用 instanceof 关键字实现。语法如下：

```
对象名 instanceof 类名
```

针对上述问题，可用如下语法表示：

```
Phone p=new SmartPhone();
if(p instanceof SmartPhone){
    System.out.println(p是 SmartPhone的实例);
    SmartPhone s = (SmartPhone)p;                //显式转换
}
```

9.7　接　　口

继承沿着父类往上走越来越抽象，抽象类通过定义抽象方法实现了这种抽象，用以指明相关对象的共同行为，只不过抽象类可以不包含抽象方法，这表明它在抽象定义上并不是特别严格。接口与抽象类相似，仍然指明相关对象的共同行为，不能使用 new 操作符创建接口的实例，但又与抽象类有一定区别，其接口体只能定义常量和抽象方法。接口用关键字 interface 来表示：

```
修饰符  interface 接口名 {
    //常量;
    //抽象方法;
}
```

例 9-5　定义一个可食用接口 Edible，该接口包含一个抽象方法 eat()来定义食用方法。针对各类中华小吃定义一个抽象类 ChinaSnacks，该类包含表示原产地的私有成员 originPlace 和表示小吃口感的抽象方法 taste()。现有肉夹馍、热干面、油条 3 种面食，对它们 3 个类分别有如下定义。试输出所有接口实现类的方法和继承自抽象类的所有方法。

```
interface Edible {      //定义接口，包含抽象方法 eat( )
    public abstract String eat();
}

public abstract class ChinaSnacks {                 //定义抽象类
    private String originPlace;
    public String getOriginPlace(){
        return originPlace;
    }
    public void setOriginPlace(String originPlace){
        this.originPlace = originPlace;
    }
    public abstract String taste();
}
class FriedDoughSticks extends ChinaSnacks implements Edible{
```

```
    public String eat(){
        return "油炸";
    }
    public String taste(){
        return "香脆";
    }
}
class ChineseHamburge extends ChinaSnacks{
    public String taste(){
        return "酥、脆、咸、香";
    }
    class Hot-DryNoodles extends ChinaSnacks{
        public String taste(){
            return "酱、干、弹、香";
        }
    }
}

public class App9_5{
    public static void main(String[] args){
        ChinaSnacks a = new ChineseHamburge();
        ChinaSnacks b = new FriedDoughSticks();
        ChinaSnacks c = new Hot-DryNoodles();
        Object[] obj = {a,b,c};
        for(int i = 0;i<obj.length;i++){
            if(obj[i] instanceof Edible){     //判断 obj[i]是否是 Edible 的实例
                System.out.println(((Edible)obj[i]).eat());
                                                        //输出所有实现接口的方法
            if(obj[i] instanceof ChinaSnacks){
                System.out.println(((ChinaSnacks)obj[i]).taste());
                                           //输出所有继承抽象类 ChinaSnacks 的抽象方法
            }
            }
        }
    }
}
```

输出结果：

酥、脆、咸、香
油炸
香脆
酱、干、弹、香

在例 9-5 中，油条、肉夹馍和热干面都定义了口感，仅有油条通过类的接口实现定义了食用方法 eat()。接口与接口之间可以通过 extends 关键字继承，而接口和类之间需要使用 implements 关键字表示类的接口实现。class FriedDoughSticks extends ChinaSnacks implements Edible 既包含类与抽象类之间的 extends 关系，也包含类与接口的 implements 关系。类的接口实现语法如下：

```
类名 implements 接口名;
```

以上语法的关键字为 implements，不是 implement。此外，这里要输出所有符合食用和口感的对象，需要获得子类对象。本题定义了 Object 对象集合，ChinaSnacks 类与 Object 类属于子类和父类关系。要将 Object 类对象转换为子类对象，需要进行显式转换，实现类似于 ChinaSnacks s = (Edible)obj 的结果。为了保证所转换的对象是子类的实例，需要进行筛选判断。由于 eat()位于接口 Edible 中，应该采用 if(obj instanceof Edible)表示，但由于是对象集合，故有 if(obj[i] instanceof Edible)，同理可得 if(obj[i] instanceof ChinaSnacks)。

例 9-6　试将求茶杯的体积通过类的多重接口实现。

```
interface Face1{
    abstract double area();
}
interface Face2{
    abstract void volume();
}
class CylinderInterface implements Face1,Face2{          //一个类实现两个接口
    private double radius;
    private double height;
    protected String color;
    public CylinderInterface(double r,int h){
        radius=r;
        height=h;
    }
    public double area(){
        return Math.PI * radius * radius;
    }
    public void volume(){
        System.out.println("圆柱体体积="+area() * height);
    }
    public static void main(String[] args) {
        CylinderInterface volu=new  CylinderInterface(5.0,2);
        volu.volume();
    }
}
```

输出结果：

```
圆柱体体积=157.0
```

说明：例 9-6 是常见的求体积的例子，场景十分熟悉。例 9-6 中定义了两个接口：Face1 和 Face2，它们各包含一个抽象方法。类 CylinderInterface 实现了这两个接口。类的多重接口实现语法结构如下：

```
class 类名 implements 接口名 1,接口名 2…
```

注意：类不支持多重继承，但是支持多重接口实现。故以下的表达：

```
class WorkerGraduate extends  Graduate,Worker{ }
                                              //当 Graduate,Worker 为类时不成立
class WorkerGraduate implements  Graduate,Worker{ }
                                              //当 Graduate,Worker 为接口时正确
```

9.8 接口的等价性

由于接口中所有的数据域都是 public static final，而且所有的方法都是 public abstract，所以 Java 允许忽略这些修饰符。针对下面的接口表示：

```
public interface Shape{
    pubic static final int len=1;
    public abstract void getArea();
}
```

可以简写为

```
public interfact Shape{
    int len=1;
    void getArea();
}
```

接口内定义的常量可以使用语法“**接口名.常量名**”(Shape.len)来访问。

总之，接口的实质是“常量+抽象方法”。接口的应用体现在两方面，接口与接口间的 extends 关系，接口与类间的 implements 关系。其性质表现在如下两方面。

(1) 既不能被实例化(抽象类的性质)，也不能像常规类一样拥有成员变量和方法。

(2) 独有性质：接口之间可多重继承，实现类和抽象类无法完成的功能。

9.9 面向对象的性质

本章首先由父类生成子类，然后反过来由子类向父类去追问，介绍了抽象类和接口的有关性质。类的继承、抽象类和接口均是继承性质的体现。面向对象程序设计有三大性质，除了继承以外，还有本章所学习的多态，以及前面多个章节提到的封装概念。在封装

中，最早在方法一章中学习了方法的封装，然后在面向对象中进一步上升到类的封装，方法的封装成为类封装的组成部分。随后，在面向对象的特性一章中进一步钻研了面向私有成员的数据域封装，推动这些封装，其目的都是提高代码的重用性和安全性，增强编程开发效率。封装也体现在便于调用，开发人员不必了解程序设计的细节就可以反复使用代码，继承则是在已有的类的基础上充分挖掘已有代码的潜力，增强二次开发，但最终目的仍然是提高重用性，提升效率，当然，还有扩展功能，降低冗余等目的。多态则是体现在方法的重载和重写方面，通过同一类中的相似功能，重载方法，不再增加更多方法名称，有利于降低冗余，扩展功能，通过重写方法，有利于提高重用性或者扩展功能。总之，面向对象程序设计的三大性质均从不同维度体现了重用性及增强开发效率的功能。

本章习题

1. 子类将继承父类的所有成员吗？为什么？

2. 在子类中可以调用父类的构造方法吗？若可以，如何调用？

3. 在调用子类的构造方法之前，会先自动调用父类中没有参数的构造方法，其目的是什么？

4. 在子类中可以访问父类的成员吗？用父类对象变量可以访问子类的成员吗？需要什么限制条件？如果可以，试分别陈述。

5. 类中成员的可访问性包括哪些修饰符？何种情况下需要使用数据域的封装？

6. 下面定义了形状类 Shape 和圆类 Circle，试确定二者的关系并完成以下程序。

```
___⑦___ class Shape{
    public abstract double area();
    public abstract double perimeter();
}
class Circle ___⑧___ Shape{
    private double r;
    public double getR(){                          //定义访问器
    ___①___; }
    public void setR(double r){                    //定义修改器
    ___②___; }
    public double area(){                          //圆面积 area()方法的实现
    ___③___; }
    public double perimeter(){                     //圆周长 perimeter()方法的实现
    ___④___; }
}
public class TestShape{
    public static void main(String[] args){
        ___⑤___;                                   //为圆分配内存空间
        c.setR(8);
```

```
        System.out.println("面积是="+ ⑥ );
    }
}
```

7. 什么是多态机制？Java 语言中是如何实现多态的？

8. 方法的重写与方法的重载有何不同？

9. this 和 super 分别有什么特殊的含义？

10. 什么是抽象类与抽象方法？使用时应注意哪些问题？

11. 抽象类、接口和继承的关系是什么？为什么要定义抽象类和接口？

12. 面向对象的三大性质是什么？它们具有何种特点？

Chapter 10 第10章

异常与输入输出

本章主要内容：

- 异常类型；
- 异常处理方法；
- 自定义异常类；
- 文件操作；
- 文本文件 I/O；
- 二进制文件 I/O。

前面已经通过键盘输入(Scanner)、标准输出(System、out、println())等内容学习了输入与输出的有关知识。但是，这只是程序设计中输入与输出的一部分。例如，许多时候程序需要对已有的文件进行处理，此时就需要了解文件输入流，掌握文件的读取和保存方法；又如，程序运行中难免因设计缺陷产生各种异常情形，在集成开发环境中输出了一些类似于 Exception 或者 Error 的错误提示。编程人员需要了解这些错误才能继续使编程进行下去。虽然编程人员已经尽可能编写正确的程序代码，但这并不足以消灭所有导致程序出错的因素，所以必须学会使用异常处理机制来削弱可能发生的错误对程序执行产生的负面作用。本章围绕以上内容展开学习。

10.1 异常类型

第 1 章已经介绍 Java 程序代码中包含 3 种错误，分别是语法错误、逻辑错误和运行错误。语法错误是因违反 Java 语法而产生的错误，本身可以通过集成开发环境在程序编写过程中主动识别并修正，逻辑错误是程序编译通过且可运行，但运行结果与预期不符，这类错误需要深入理解程序设计的目标并反思可能的结果。Java 语言中更多关注的是运行错误。运行错误往往是程序在执行过程中遇到了开发人员没有考虑到的一些特殊情况所导致的，如输入数据格式、除数为 0、给变量赋值超出其允许范围等错误。为了提高软件的容错性，改善软件在遇到错误时的用户体验，Java 提供了一种名为异常的处理机制。Java 语言规范通过异常类来管理异常，JDK 中有很多预定义的异常类，如图 10-1

所示。

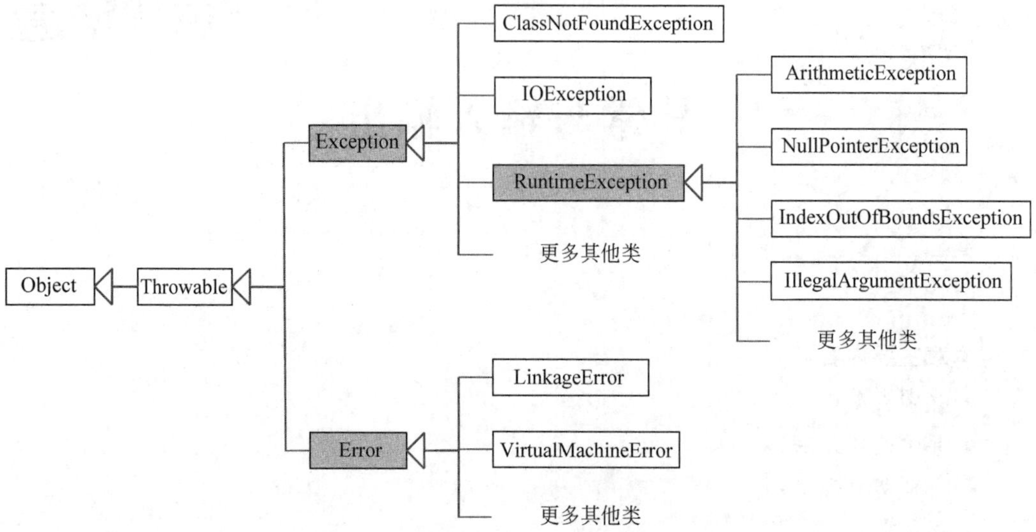

图 10-1 Java 的异常类体系

在前面的章节中已经讲到，所有的 Java 语言程序都是 Object 类的子程序。异常是按照类进行设计的，隶属于 Object 类的子类。异常的根是 Throwable 类，它包含 Exception 和 Error 两个子类。Exception 类包含输入输出异常类 IOException、运行时异常 RuntimeException 等，Error 类包含虚拟机错误类 VirtualMachineError 等。Java 在运行错误过程中可以分为如下 3 类异常情况。

- **错误(error)**：由 Java 虚拟机抛出，用 Error 类表示。**它描述的是内部系统错误，这样的错误很少发生**。
- **运行时异常(runtime exception)**：用 RuntimeException 类表示。它描述的是程序设计错误，例如，访问一个越界数组或数值错误和类型转换错误。
- **异常(exception)**：用 Excetption 类表示。它描述的是由程序和外部环境所引起的错误，这些错误能被程序捕获和处理。**可通过扩展 Exception 或其子类来创建自定义异常类**。

Java 语言体系中会考虑以上 3 种异常类型，并通过设计异常类对有关错误进行识别，实现程序异常输出的安全性保证。值得指出的是，以上 3 种异常均是在运行以后所发生的异常类型，隶属于运行错误，不属于语法和逻辑错误。有些读者对以上异常类型划分容易混淆，将这里的错误与将运行时异常(runtime exception)相混淆。在程序设计中，一般不考虑 Error 和 runtime exception 所导致的异常描述，它们交给 JDK 去自动处理，基于此，将这类异常称为免检异常；而将除 runtime exception 以外的其他 Exception 类称为必检异常，必检异常中重点考虑的是输入输出异常。例如，在互联网 Web 程序开发中涉及人机互动、在文件的保存中涉及文件的持久化存储等，这些情况均属此类异常。

10.2　异常处理方法

异常处理有 3 种操作，分别是声明异常（throws an exception）、抛出异常（throwing an exception）和捕获异常（catching an exception），如图 10-2 所示。

```
method1(){                          method2( )throws Exception{
                                        //声明异常
    try{   //捕获异常                   if(an error occurs){
        调用方法 method2;                   throw new Exception();
    }                                       //抛出异常
    catch(Exception ex){                }
        处理异常                      }
    }
}
```

图 10-2　异常处理类型

10.2.1　声明异常

Java 中每个方法都必须声明它可能抛出的必检异常类型，这称为声明异常。由于任何代码都可能发生系统错误和运行时错误，如果要考虑这类异常，因为其无效代码太长，没有现实意义。因此，Java 不要求在方法中显式声明 Error 和 RuntimeException。然而，方法要抛出的其他异常都必须在方法头中显式声明。这样，方法的调用者会被告知有异常。

为了在方法中声明一个异常，就要在方法头中使用关键字 throws，如：

```
public void method() throws IOException
```

关键字 throws 表明 method()方法可能抛出异常 IOException，如果方法可能会抛出多个异常，就可以在关键字 throws 后添加一个用逗号分隔的异常列表：

```
public void method() throws Exception1,Exception2,…
```

10.2.2　抛出异常

检测到错误的程序可以创建一个合适的异常类型的实例并抛出它，这称为抛出一个异常。假如程序发现传递给方法的参数与方法定义的不符，这个程序就可以创建一个 IllegalArgumentException 的实例并抛出它，其代码如下所示：

```
IllegalArgumentException e= new IllegalArgumentException("错误参数!");
throw e;
```

以上代码一般简写为

```
throw new IllegalArgumentException("错误参数!");
```

说明：IllegalArgumentException()是 JDK 中的一个异常类。通常，JDK 中的每个异常类至少有两个构造方法，一个是无参构造方法，一个是带有可以描述这个异常的字符串参数的构造方法，该参数称为异常消息，它可以通过一个异常对象调用 getMessage()方法获取。

注意：声明异常的关键字是 throws，抛出异常的关键字是 throw，二者并不相同。

10.2.3 捕获异常

当抛出一个异常时，可以在 try…catch 块中捕获和处理它，其语法结构如下所示：

```
try {
    要检查的语句序列;(正常执行代码)
}
catch (异常类名 1  异常对象名 1) {
    异常发生时的处理语句 1;
}
catch(异常类名 2  异常对象名 2){
    异常发生时的处理语句 2;
}
```

在 catch 块中异常被指定的顺序是非常重要的。如果父类的 catch 块出现在子类的 catch 块之前，就会导致编译错误，例如：

```
try {
    语句;
}
    catch (Exception ex) {
}
     catch(RuntimeException ex){
}
```

以上表达是错误的。由于 RuntimeException 是 Exception 的子类，故子类应该在前，父类 Excepton 应该在后，将其换位置才是正确的。

例 10-1 试从键盘输入一整数，使用 Integer.parseInt()方法将输入的字符串类型转换成整型，考虑在上述环境下的异常及其表示机制。

```
import java.util.Scanner;
import java.io.IOException;
public class App10_1 {
    public static void main(String[] args) throws IOException{
        Scanner input = new Scanner(System.in);
        int x;
        System.out.println("键入整数:");
```

```
        try{
            String oneLine = input.nextLine();
            x = Integer.parseInt(oneline);
            System.out.println("x 的一半是 "+(x/2));
        }
        catch(NumberFormatException e){
            System.out.println(e);
        }
        catch(Exception e){
            System.out.println(e);
        }
    }
}
```

下面分两次执行程序。第一次执行程序：

```
键入整数:35.6
java.lang.NumberFormatException: For input string: "35.6"
键入整数:37
x 的一半是 18。
```

例 10-1 中如果 oneLine 不转换成 int，那么 parseInt 会产生 NumberFormatException。从异常定义来看，分别在 main()头部声明了一个输入输出异常，同时在方法体中定义了 try…catch 异常，会使异常在 try 块内传播。try 块内是可能产生异常的代码，紧随 try 块之后的是异常处理程序。只有当出现异常时，才会跳转到异常处理程序的这段代码。此时，出现异常，终止产生异常的 try 块。按顺序匹配每个 catch 块，直到找到与异常匹配的处理程序。而且，这里的 catch 顺序不能写反，Exception 是异常类的父类，所以如果要定义只能在最后。

有时候，不论异常是否出现或者是否被捕获，都希望执行某些代码。

```
try {
    要检查的语句序列;
}
catch (异常类名 形参对象名) {
    异常发生时的处理语句序列;
}
finally {
    final 语句;
}
```

在任何情况下，finally 块中的代码都会执行，不论 try 块中是否出现异常或者是否被捕获，可分为如下 3 种情形。

(1) 如果 try 块没出现异常，执行 final 语句，然后执行 try 语句的下一条语句。

(2) 如果 try 块有一条语句引起了异常并被 catch 块捕获，会跳过 try 块的其他语句，执行 catch 块和 final 子句。

(3) 如果 try 块中的一条语句引起异常,但是没有被任何 catch 块捕获,就会跳过 try 块中的其他语句,执行 final 子句,并将异常传递给这个方法的调用者。

注意:使用 final 子句可以略去 catch 块。如果方法声明了一个必检异常,就必须在 try…catch 块中调用它,或者在调用方法中声明异常,如图 10-3 所示。

```
void p1(){
  try {
    p2();
}
catch(IOEception ex){
  ...
}
```

```
void p1()throws IOException {
  p2();

}
```

图 10-3 必检异常的不同处理方式

例如,假定方法 p1 调用方法 p2,而 p2 可能会抛出一个必检异常,就必须如图 10-3 所示编写代码。

总之,异常发生在方法中,如果想让该方法调用者处理异常,应该创建一个异常对象并将其抛出。如果能在发生异常的方法中处理异常,往往不需要抛出或使用异常。一些简单错误可以通过使用 if 语句来检测错误实现。当必须处理不可预料的错误状况时应该使用 try…catch 块,但不要用 try…catch 块处理简单、可预料的情况。

10.3 创建自定义异常类

尽量使用 Java 提供的多种异常类而**不要创建自己的异常类**。如遇到一个不能用预定义异常类恰当描述问题,就可以通过派生 Exception 类或其子类(如 IOException)来创建自己的异常类。

10.4 文件操作

文件可以存储很多不同类型的信息,一个文件可以包含文本、图片、音乐、计算机应用程序等内容,计算机硬盘上的所有内容都以文件的形式存储,一般称存放在硬盘上的文件为持久化存储。

程序就是由一个或多个文件的集合构成。文件名一般由两部分组成,在句点前面的是文件名,后面的是文件扩展名。每个文件都要存储在计算机上的某个位置,为了找到文件所处的位置而经历了一系列文件夹称为路径,路径描述了文件在文件夹中的相对位置。如 D:\files\eclipse\workspace\courseDemo\ch10\App10_1.java,这里表示文件 App10_1.java 存放在计算机中的路径,通过这个路径就可以找到 App10_1 文件。作为 Java 源文件,App10_1 的文件名为 App10_1,其扩展名为 java,它们之间用句点(.)相连。其他常见的扩展名有 exe 和 txt 等类型。

文件路径中的斜杠(/)或(\)要正确使用。Windows中的目录分隔符是反斜杠(\)，但在Java环境下的文件路径表示既可以接受斜杠(/)，也可以接受双反斜杠(\\)。例如：

```
C:/files/countries.csv
D:\\files\\eclipse\\workspac\\courseDemo\\ch10\\App10_1.java
```

要避免在文件中使用单反斜杠(\)表示。这是因为形如 \t 具有特定的含义，如果采用C:\test.java的表示，容易发生错误。在文件路径表示中又分为绝对路径和相对路径两种情形。绝对文件路径由盘符和完整路径组成，上述两种表示均为绝对路径表示。相对文件路径是相对于当前工作目录的。例如，App10_1.java是一个相对路径名。一般在表示相对路径时多采用斜杠(/)表示，例如，new File("image/fruit.jpg")。

一个完整的文件操作步骤如下。

(1) 打开文件；

(2) 读文件或写文件；

(3) 关闭文件。

其中，读写操作是主要的文件操作。

常见的文件有文本文件和二进制文件。能够用记事本等软件进行处理的文件称为文本文件，不能使用文本编辑器来读取的其他文件统称为二进制文件。

10.5 文本文件 I/O

File对象封装了文件或路径的属性。为了完成输入输出操作，需要使用恰当的Java I/O类创建对象。这些对象包含从文件读/写数据的方法。有文本和二进制两种类型的文件，文本文件本质上是存储在磁盘上的字符。

10.5.1 使用Scanner读取数据

4.2节已经介绍过运用Scanner从键盘读取数据，具体如下：

```
Scanner input = new Scanner(System.in);
```

为了从文件中读取，需要为文件创建一个Scanner，如下所示：

```
Scanner input = new Scanner(new File(filename));
```

java.util.Scanner中的常用方法如表10-1所示。

表10-1 java.util.Scanner中的常用方法

方 法	说 明
Scanner(File file)	创建一个Scanner对象，从指定文件中产生扫描的值
Scanner(String name)	创建一个Scanner对象，从指定字符串中产生扫描的值

续表

方　法	说　明
close()	关闭 Scanner
hasNext()	如果 Scanner 还有更多数据可以读取，则返回 true
nextLine()	输入一行字符串，按回车键结束
next( )	读取一个字符串，该字符在一个空白符之前结束
nextByte()	输入 1 字节
nextShort()	输入一个短整数
nextInt()	输入一个整数
nextLong()	输入一个长整数
nextFloat()	输入一个单精度数
nextDouble()	输入一个双精度数
useDelimiter(String s)	设置 Scanner 的分隔符，并且返回 Scanner

例 10-2 将 3 位同学"Java 程序设计"期中考试成绩以记事本文件存放在 D 盘文件夹下，并以 score.txt 保存。试读取文本文件的姓名和成绩，实现控制台标准输出。

```
import java.io.File;
import java.io.FileNotFoundException;
import java.util.Scanner;

public class App10_2 {
    public static void main(String[] args) throws FileNotFoundException {
        File file = new File("D:\\score.txt");
        Scanner input = new Scanner(file);
        while(input.hasNext()){                    //循环实现遍历文本
            String lastName = input.next();        //遍历第一个字符串
            String firstName = input.next();       //遍历第二个字符串
            int score = input.nextInt();           //遍历数字
            System.out.println(lastName+" "+firstName+""+score);
        }
        input.close();                             //关闭文件
    }
}
```

输出结果：

```
陶 方 95
李 明 92
张 林 93
```

说明：本题要求从文件中读取数据，可以采用 Scanner 类来实现，需要调用 Scanner 的构造方法 Scanner(File f)，要获得文件对象需要执行 java.io.File 类来创建 File 类的实例，获得对象 file。通过集成开发环境编程，可能会发现构造方法 Scanner(File f)会抛出一个 I/O 异常，如该导入的文件不存在。因此，需要在 main()方法处增加声明 throws FileNotFoundException，或者直接采用父类 Exception 替代 FileNotFoundException。如果不在 main()后声明，可以采用 try…catch 语句实现异常声明。随后通过 while 语句遍历文件中的姓名和分数。

10.5.2　使用 PrintWriter 写数据

Java.io.PrintWriter 类可以用来创建一个文件并向文本文件写入数据。首先，必须为一个文本文件创建一个 PrintWriter 对象，如下所示：

```
PrintWriter output = new PrintWriter(filename);
```

然后，可以调用 PrintWriter 对象上的 print()、println()和 printf()方法向文件写入数据。

java.io.PrintWriter 中的常用方法如表 10-2 所示。

表 10-2　java.io.PrintWriter 中的常用方法

方　　法	说　　明
PrintWriter (File f)	为指定的文件对象创建一个 PrintWriter 对象
PrintWriter(String file)	为指定的文件名字符串创建一个 PrintWriter 对象
print(String s)	将字符串写入文件中
print(char s)	将字符写入文件中
print(char[] cArray)	将字符数组写入文件中
print(int[long], i)	将一个整型(int, long)的值写入文件中
print(float[double], i)	将一个浮点型的值写入文件中
print(boolean b)	将一个 boolean 型的值写入文件中
包含重载的 println()	与 print 类似，增加一个输出换行
包含重载的 printf( )	输出类似，增加格式定义

例 10-3　请在 E 盘根目录下构建一个文本文件 scores.txt，试向该文件写入两行记录，每行包含一位同学的姓名和分数。

```
public class App10_3 {
    public static void main(String[] args) throws IOException{
        File file = new File("D:\\score.txt");
        if(file.exists()){
            System.out.println("文件已经存在!");
```

```
            System.exit(1);
        }
        PrintWriter output = new PrintWriter(file);
        output.print("陶方");
        output.println(92);
        output.print("李明");
        output.println("78");
        output.close();
    }
}
```

说明：上例中要对文本文件写入记录，可调用PrintWriter类中的print()方法实现。创建对象output需要调用构造方法PrintWriter()，需要考虑IOException，可以通过声明异常或者try…catch语句实现，本例在main()方法后增加throws声明较为简洁。通过调用访类中的print()方法可以写字符串或者分数。例10-3中首先创建文件对象file，然后通过一个if语句，运用File类中的exists()方法检查文件是否存在。这里System.exit(1)表示标准状态，exit()是一个表示状态的静态方法，其中()中参数符号一般用数字0或1表示。这一句话可以不用写。

10.6 二进制文件I/O

二进制文件只能用程序来读取。例如，Java源程序文件存储在文本文件中，可使用文本编辑器读取，而Java类文件(.class)是二进制文件，由Java虚拟机读取。二进制I/O不涉及编码和解码，因此比文本输入和输出更高效。计算机并不区分二进制文件和文本文件，它们均是以二进制来存储的，因此，从本质上说，所有的文件都是二进制文件，文本文件需要编码和解码。

抽象类InputStream是读取二进制数据的根类，抽象类OutputStream是写入二进制数据的根类，它们包含read()和write()方法实现读取和写入。InputStream的子类包括FileInputStream、FilterInputStream、ObjectInputStream，OutputStream包含FileOutputStream、FilterOutputStream、ObjectOutputStream。FilterInputStream则有子类DataInputStream和BufferedInputStream，FilterOutputStream有子类DataOutputStream和BufferedOutputStream。二进制类中的所有方法都声明为抛出IOException或者IOException的子类。

例10-4 试使用二进制I/O将1～10的10字节值写入一个名为“序列.dat”的文件，再把它们从文件中读出来。

```
public class App10_4 {
    public static void main(String[] args) throws FileNotFoundException {
        try{
            FileOutputStream output = new FileOutputStream("序列.dat");
            for (int i = 1;i <=10;i++){
```

```
            output.write(i);
        }
            output.close();
        FileInputStream input = new FileInputStream("序列.dat");
            int value;
            while((value =input.read()) !=-1)
                System.out.print(value+" ");
        input.close();
        }catch(IOException e){
            System.out.println(e);
        }
    }
}
```

说明：首先，需要构建二进制文件，可以通过 FileOutputStream 类实现，通过调用 write()方法并构建循环可以实现 1～10 的写入。输出二进制文件则是它的逆方向，需调用 FileInputStream 类中的 read()方法。表达式(value =input.read())！＝－1 用于读取 1 字节，然后将它赋值给 value，并且检验它是否为－1，一旦为－1，则循环结束。当流不再需要时，需使用 close()方法将其关闭。这里先后用 output.close()和 input.close()方法关闭。不关闭流可能会使输出文件中的数据受损，或者导致其他的程序设计错误。

自 JDK7 开始，Java 规范提供了 try-with-resources 来声明和创建 I/O 流，使用该机制可不用关闭流，程序会自动关闭。其语法为

```
try(声明和创建资源){
    使用资源来处理文件;
}
```

注意：*以上语句只有 try 这个关键字，其后有小括号()，既没有 with，也没有 resources。*

本章习题

1. 在 Java 异常处理中，用户自定义的异常类应该是(　　)的子类。
   A. Exception　　　　B. Throwable
   C. Error　　　　D. RuntimeException
2. Java 异常处理有哪几种机制？试分别阐述并比较各机制之间的联系。
3. 试将例 10-4 的程序代码采用 try…with…resources 实现。

第 11 章

Chapter 11

数据分析基础

本章主要内容：

- 数据分析的核心概念；
- XML 文件编写与解析；
- JSON 文件编写与解析；
- PDF 文件编写与解析。

数据分析是数据科学的核心内容，强调对统计学、机器学习算法等知识结合领域背景开展应用。数据分析是建立在各类数据的基础上的，按照结构化程度，数据可以分为结构化数据、半结构化数据和非结构化数据。关系数据库是典型的结构化数据，互联网网页HTML 文档和 XML 文档是半结构化数据，各种音频、视频、图形图像是非结构化数据。2017 年以来，智能手机成为社会生活必不可少的工具，手机中所涉及的海量社交媒体信息、网络舆情信息、地理传感器数据和各类音视频数据是大数据的集中体现。

自 20 世纪 80 年代以来，数据分析和数据挖掘就已存在。21 世纪初，由于软硬件、人工智能算法、程序设计语言和移动互联网的发展日新月异，数据分析才由一门专业领域课程被学界、工业界和社会大众广泛接受，并以“数据科学”这一全新概念得到发展。例如，科学研究领域，将大数据分析视为科学研究的第四范式；在教育领域，出现了数据科学、数据分析与大数据技术、大数据管理与应用等新兴专业。相比于过去的数据分析/挖掘，今天的数据分析体现出如下特点：由结构化数据向半结构化和非结构化文本数据发展；由小数据向互联网大数据方向发展；由传统机器学习算法向深度学习等新兴机器学习算法方向发展。基于此，本书将在接下来的 3 章围绕互联网环境下的数据分析与应用进行学习，围绕文本解析、Web 爬虫、机器学习与文本挖掘展开讲解数据分析方法与 Java 实现。

大数据时代数据分析的基础是数据，特别是互联网环境下的各类 Web 文档数据。可扩展标记语言(eXtensible Markable Language，XML)是互联网环境下的基础数据表示语言。由于阅读、传输、保存等不同目的，互联网上的数据表示存在着多种格式，不同格式的数据如何有效对话并发挥作用，这就涉及基本数据表示语言和数据转换问题。作为互联网上结构性强的数据表示语言，XML 语言是其他各种数据表示语言的桥梁。本章首先介绍数据分析的基本概念，厘清相关概念之间的关系，然后介绍 XML 文档语法及其解析，随后介绍互联网中常用的 JSON 文档语法及其解析，最后介绍常用的 PDF 文档及其 Java 编程的批处理方法。

11.1　数据分析的核心概念

数据分析建立在数据的基础上。结合 Java 语言，需要了解相关的数据类型。机器学习环境下的"样本数据"主要用于训练计算机获得学习能力。在进行机器学习时，一般将所有数据分为训练数据集和测试数据集，统称"数据集"。从数据规范性上看，早期的数据分析或数据挖掘是基于结构化的数据进行分析，典型代表是存储在关系数据库中的各类关系数据表。在当前大数据时代，各类半结构化和非结构化数据逐渐成为数据分析的对象，形成了诸如文本分析、用户画像等新兴内容。例如，从互联网微博热点、各类政策文本、网络留言板等内容中获取的数据成为近年来公共治理研究的基本数据。在此背景下，有关数据分析的各种概念层出不穷，本节将围绕这些话题展开说明。

11.1.1　数据类型

在第 2 章已经介绍数据可以划分为不同类型，它决定了数据需要的计算机存储空间大小以及处理方式。Java 语言中按照变量在内存中的存储差异可以分为基本数据类型和引用数据类型。前者对应 int、double、char、boolean 等，后者对应 String、数组、类、接口等。结合这两种分类方式，可以将数据分析中的数据类型分为数值、文本和对象类型 3 类。

- 数值类型：整数(int)、小数(double)。
- 文本类型：字符串(String)。
- 对象类型：文件(Java.io.File)、日期(java.util.Date)、一般对象(Object)。

11.1.2　数据点和数据集

数据分析很容易将数据视为信息点。例如，在一组健康码的防疫身份信息中，每个数据点包含某个人的信息，考虑下列数据点：

```
{"李明",420001198305150000, "阴性", "2021-10-21"}
```

它代表一位叫李明的人，身份证号为 420001198305150000，核酸检测为阴性，采样时间是 2021 年 10 月 21 日。

数据点中的单个数据值称为字段或属性。每个数据值都有自己的数据类型。上例中 4 个字段的类型，两个为文本类型、一个为数值类型，一个为对象中的日期类型。数据点的字段数据类型序列叫作类型签名，其在 Java 中对应的是(String，int，String，Date)。

数据集是数据点的集合，一个数据集中所有数据点的类型签名都相同。例如代表健康码中的数据集，其中每个点都代表这个数据集中的唯一成员。因此，签名就是数据集本身的特征。

有这样一种特殊的数据值,其类型未定,还可以充当任何类型,这种数据值就是NULL值。例如,前面描述过的数据集包含的数据点(null,620003200212055740,“阴性”,“2021-09-25”),表示一位身份证号为620003200212055740的人,于2021年9月25日做了核酸检测,检测结果为阴性,但是其姓名未知。

11.1.3 关系数据库表

许多数据存储在关系数据库中,每个数据集都可以看作一张表,每个数据点都是表中的一行。数据集签名定义在表列。表11-1是关系数据库表的例子。

表11-1 关系数据库表

姓　名	性　别	年　龄	ID	出生日期
沈一凡	男	19	10401	2003/1/15
NULL	女	20	70203	2002/2/19
张新明	男	21	NULL	2001/7/28

正如数据集中的数据点的顺序无关紧要,数据库表在本质上是行集合,因此行顺序也无关紧要。同理,数据库表不会包含重复的行,数据集也不会包含重复的点。

数据集可以要求指定字段的所有值都不重复,这样的字段称为关键字段。一般将ID字段作为关键字段。

指定字段子集的关键字段可以视为一组键-值对(Key-Value Pairs,KVP)。从这种角度看,每个数据点都包含键和对应的键值两部分,键值也经常称为属性值。

在前面的示例中,键是ID,值是姓名、性别、年龄、出生日期。有时候,键-值对可以视为一种输入输出结构。

在大数据时代,所处理的数据多为半结构化数据或非结构化数据,相关存储方式引入了图数据库NoSQL。尽管如此,关系数据库表作为数据存储的基础,仍然有重要作用。

11.1.4 哈希表

键-值对的数据集通常会作为哈希表实现。哈希表(Hash table),也称为散列表,是根据关键字-值(key-value)而直接进行访问的数据结构。给定表M,存在函数f(key),对任意给定的关键字值key,代入函数后若能得到包含该关键字的记录在表中的地址,则称表M为哈希(Hash)表,函数f(key)为哈希(Hash)函数。也就是说,它通过把关键码值映射到表中的一个位置来访问记录,以加快查找的速度。这个映射函数叫作哈希函数,存放记录的数组叫作哈希表。

键对于这种数据结构,就像索引对于集合。键-值对数据集在Java中通常使用java.

util.HashMap<Key,Value>类实现。类型的参数 Key 和 Value 是指定的类。例如，在有关经济发展和公共治理的研究中，人口数据是十分受关注的量，2021 年我国千万以上人口城市已达 16 个。假如现有一个城市人口数据表 cities.dat，试输出西安的人口数据。下面的 HashMapDemo 程序是将这个数据表载入 HashMap 对象的 Java 程序。

```
public class HashMapDemo {
    public static void main(String[] args) {
        File dataFile = new File("data/cities.dat");
  //实例化名为 dataset 的 java.util.HashMap 对象
        HashMap<String,Integer> dataset = new HashMap();
        try{
            Scanner input = new Scanner(dataFile);
            while(input.hasNext()){
                String city = input.next();
                int population =input.nextInt();
//每个数据点的载入使用 HashMap 类的 put()方法
                dataset.put(city, population);              }
        }catch(FileNotFoundException e){
            System.out.println(e);
        }
          System.out.printf("dataset.get(\"西安\"):%,d%n",dataset.get("西
安"));
    }
}
```

上面的 HashMap 实例，先后使用了 HashMap 类的 put()和 get()方法。put()方法载入数据点，get()方法是如何实现哈希表键-值结构的输入输出内容。其中，“%,d”表示打印逗号分隔的整型数值。输入的是名称“西安”，输出的结果是西安市的人口 1316.3 万人。

11.1.5　数据分析与机器学习

“数据分析”常与“数据挖掘”“机器学习”相提并论，并在许多场合交替使用。它们都是帮助人们收集、分析数据，使之成为信息，并做出决策判断的方法。它是机器学习算法和数据存取技术的结合，利用机器学习提供的各类算法分析海量数据，同时利用数据存取机制实现数据的高效读写。但它们又有区别，数据分析有广义、中观和狭义之分，广义数据分析包含数据可视化、应用统计学、机器学习、社会网络分析、复杂系统仿真等众多庞杂内容；中观数据分析隶属于数据可视化、统计学和机器学习相关联的内容，即数据科学；狭义数据分析则指单一的统计学或机器学习特定领域的各类分析活动。与“数据分析”这一概念的宽泛性相比，数据挖掘和机器学习更多是基于计算机方法的，它们的共同点是底层方法具有共性。由于本书是介绍面向对象程序设计的，本质上取狭义的机器学习方法，故在下文更多使用机器学习这一术语。图 11-1 是基于文本挖掘的机器学习流程实例。

机器学习是人工智能的一个分支。使用计算机设计一个系统，使它能够根据提供的

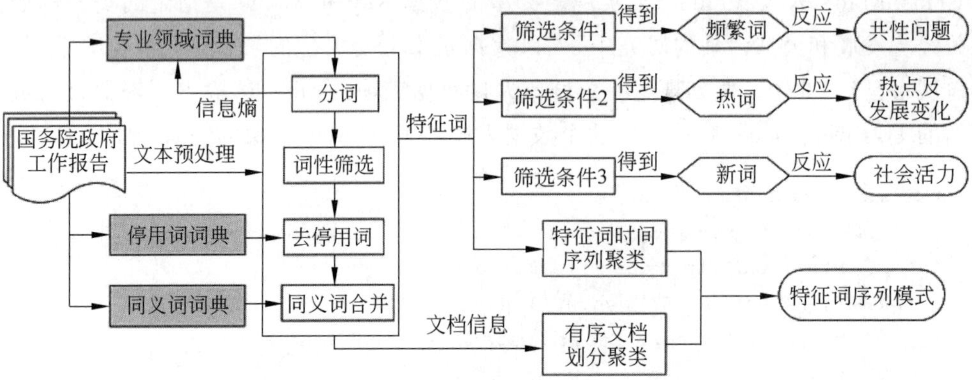

图 11-1 一个基于文本挖掘的机器学习流程实例

训练数据按照一定的方式来学习;随着训练次数的增加,该系统可以在性能上不断学习和改进;通过参数优化的学习模型,能够用于预测相关问题的输出,这就是一个典型的基于计算机方法的数据分析活动。

数据挖掘经常与机器学习概念相连,机器学习又与深度学习和大数据挖掘相关。为此,有必要进行区分。机器学习强调的是方法,数据挖掘指的是目标与结果,是机器学习在结构化数据库上的分析结果,属于机器学习与数据存取管理的结合。深度学习是机器学习的一种,指采用深度神经网络,对大数据进行学习的技术手段;大数据挖掘是数据挖掘的一种,更多强调的是对超大规模数据集合,采用云计算等大数据架构进行数据挖掘的技术方法。一句话,这些概念从方法/算法层面讲,存在明显交集,只不过话语所强调的侧重点不同,在大数据时代和新兴机器学习算法不断革新的当下,大数据分析、大数据挖掘、机器学习这些概念相对活跃。

11.2 编写与解析 XML 文件

互联网环境下的网页大多是建立在 HTML 文本基础上的。伴随着互联网的发展,数据表示及其处理需求较大。因此,针对互联网的各类数据表示语言逐渐产生,如 XML、JSON、CSV、turtle 等。XML 是由万维网联盟制定的最早的数据表示语言,它可以成为其他数据表示语言转换的中介。因此,掌握 XML 语言十分重要。

11.2.1 XML 语法简介

XML,全称是 eXtensible Markable Language,一般称为**可扩展标记语言**。互联网的基础内容是数据,而 XML 是一门 Web 数据表示的基础规范,它诞生于 1998 年,在此之前,最知名的互联网标记语言是 HTML。HTML 是于 1991 因特网诞生的标准语言。1996 年,W3C 开始创建一种新的标记语言,以期让数据内容更加容易理解,同时有助于因特网数据交换,设计上要求既要具备灵活性,同时又能像 HTML 一样广泛接受。接下来通过一个例子比较二者之间的差别。

1. HTML 表示

```
<html>
<head>
    <title>学生信息</title>
</head>
<body>
    <h1>平娃</h1>
    <h2>西北大学</h2>
    <h3>西安</h2>
    <p>陕西</p>
</body>
</html>
```

HTML 是整个网页的结构，相当于整个网站的框架。带"<"">"符号的都是属于 HTML 的标签，并且标签都是成对出现的。认识标签对于第 12 章的 Web 爬虫程序撰写有帮助，下面介绍常见的标签。

<html>…</html>表示网页，HTML 文档的根元素

<body>…</body>表示用户可见的内容，正文

<h1>…<h1>表示标题，还有 h2，h3，字体大小不同

<div>…</div>表示框架

<p>…</p>表示段落

<li>…</li>表示列表

<ul>…</ul>表示无序列表

<img>…</img>表示图片

<a href="">…</a>表示超链接

id，class 表示属性。可能与<div>、<li>等标签搭配使用。

2. XML 表示

```
<?xml version="1.0" encoding="GB2312"?>
<学生信息>
    <姓名>平娃</姓名>
    <大学>西北大学</大学>
    <城市>西安</城市>
    <省份>陕西</省份>
</学生信息>
```

以上内容分别是两种语言的源代码。HTML 的标记是由 HTML 规范严格规定，主要用于定义显示的。如 h1 就是题头 1 号字体大小；h5 指 5 号字体大小。因此，它们在浏览器界面的显示不同，如图 11-2 所示。

与 HTML 不同，XML 语法不作用于显示，而专注于数据的表示。例如，学生信息和

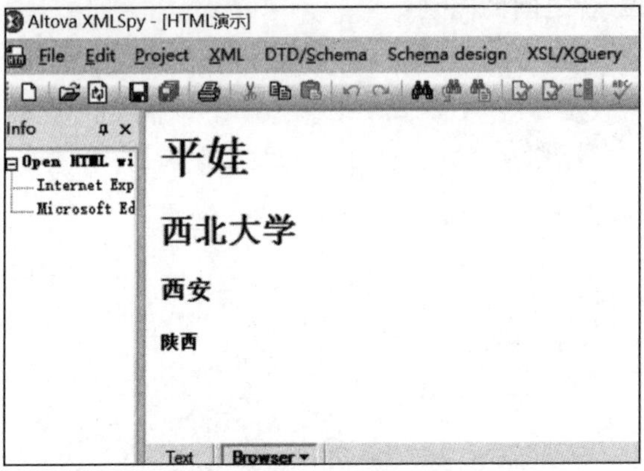

图 11-2　HTML 语言生成的浏览器界面显示

姓名是父子元素，姓名、大学、城市、省份是兄弟元素，它们是元素内容平娃、西北大学、西安、陕西的修饰标签，属于语义元素。例如，平娃在这里表示姓名，不是品牌，这种用于描述数据的数据，称为**元数据**（**metadata**）。

编辑 XML 有一个专门的软件——XMLSpy。该软件具有 XML 的智能化编辑、XML 验证机制、XML Schema 的可视化编辑、DTD 和 Schema 文本编辑、DTD 和 Schema 之间的转换、XSL/XSLT 1.0/2.0 编辑、XSLT 调试和分析、HTML 的编写等。图 11-3 是用 XMLSpy 软件编写并运行的 XML 文档。

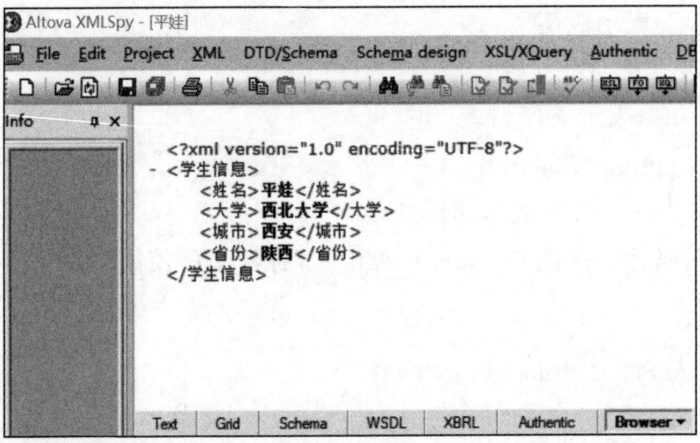

图 11-3　用 XMLSpy 软件编写并运行的 XML 文档

一个完整的 XML 文档包括 XML 声明、XML 正文和 XML 注释 3 部分。XML 声明位于 XML 文档的首行，至少包含版本（version）属性。XML 正文由元素组成，元素遵循嵌套原则，由一个根元素包含 0 或多个子元素组成。

编写与解析 XML 文档，主要是基于 XML 文档树状结构展开，处理 XML 文档正是借用这种树状结构来处理。W3C 为此制定了文档对象模型接口（Document Object Model，DOM），基于这一规范，不同的程序语言形成了自身的 API。针对 Java，它具有处理 XML 的多种 API，包括 JDK 工具包自带的内置工具 JAXP，也有 JDOM、dom4j 等外部 JAR 包的支持。

文档对象模型(DOM)是基于结点树模型进行处理的。该模型将一个 XML 文档分解为若干结点类型，然后通过有关方法描述其结点关系，最终实现处理。XML 文档包含文档结点、元素结点、属性结点、文本结点、命名空间结点、处理指令结点、注释结点，共 7 种类型。其中，文档结点是结点树模型的根，也称为根结点。根结点与根元素结点是两个不同类型的结点，根元素结点是元素结点的根，是文档结点的子结点。

11.2.2　解析 XML 文件

解析 XML 文件基础在 DOM 解析器的构建，具体包括如下三步。

```
Document doc = newDocumentBuilder( );                    //定义文档结点
DocumentBuilderFactory  dbf=DocumentBuilderFactory.newInstance();
DocumentBuilder db=dbf.newDocumentBuilder();             //DOM 解析器
```

处理 XML 文档需要将 XML 文档读取到计算内存中参与运算，需要通过调用 Parse (File f)进行处理。解析 XML 文档就是获取有关的文本，需要了解结点树模型和文档对象模型(DOM)中 Node、NodeList 和 NameNodeMap 三种接口。Node 获得的是单个抽象结点，后面两种则是结点集合，如果要利用结点集合获得单个结点，需要搭配 item()使用。有关 DOM 的进一步介绍详见 12.1.3 节。

例 11-1　现有一个 XML 文档，试通过 Java 构建 XML 文档器，并输出该 XML 文档的根元素结点名称。

```
import java.io.File;
import java.io.IOException;
import javax.xml.parsers.DocumentBuilder;
import javax.xml.parsers.DocumentBuilderFactory;
import javax.xml.parsers.ParserConfigurationException;
import org.w3c.dom.Attr;
import org.w3c.dom.Document;
import org.w3c.dom.NamedNodeMap;
import org.w3c.dom.Node;
import org.w3c.dom.NodeList;
import org.xml.sax.SAXException;
class ParserXML {
    /* 解析 XML 文档 */
    public Document parseXML(String xmlFileName) {
        //通过 newInstance()方法创建 DocumentBuilderFactory 对象
        /DocumentBuilderFactory dbf = DocumentBuilderFactory.newInstance();
            Document doc = null;
        try {
            //创建解析器对象
```

```
            DocumentBuilder db = dbf.newDocumentBuilder();
            //解析 XML 文档,得到 Document 对象
            doc = db.parse(new File(xmlFileName));
        } catch (ParserConfigurationException e) {
            e.printStackTrace();
        } catch (SAXException e) {
            e.printStackTrace();
        } catch (IOException e) {
            e.printStackTrace();
        }
        return doc;
    }
        public String process(Document doc){
        //获取根结点并输出根结点名称,返回类型为 String
        String nodeName=doc.getFirstChild().getNodeValue();
        return nodeName;
    }
}
public class App11_1 {
    public static void main(String[] args) {
        ParserXML demo = new ParserXML();
        //解析 XML 文档
        Document doc = demo.parseXML("nwuInfo.xml");
        //根据 JAXP 的方法读取 XML 文档的内容并输出根结点
        if (doc != null){
            //System.out.println(demo.process(doc));
                demo.process(doc);
        }
    }
}
```

说明：本题定义了 parseXML(String xmlFileName)方法来获取 XML 解析器，得到文档结点对象，通过 process(document doc)方法来实现求解，该方法以文档结点对象作为参数。理解 process()方法的关键是要区分文档结点和根元素结点。doc 是文档结点对象。如今要获得根元素结点，也就是要求解文档结点的子结点，通过查找 JAXP 中文档结点的有关方法可以得到 getFirstChild()，因此，doc.getFirstChild()就是根结点的子结点。当获得根元素结点还不够，这里要求输出根元素结点的名称，可以通过 Node 接口中的 getNodeValue()方法实现，其返回类型为 String，故有 String nodeName = doc.getFirstChild().getNodeValue()。

11.2.3 编写 XML 文件

编写 XML 文件既可以通过记事本或者专业的 XMLSPY 软件编写，也可以通过 Java

API 编程实现。下面运用 dom4j.jar 包在 Eclipse 环境下编程实现。编写一个 XML 文件首先需要在计算机内存中实现，然后通过持久化存储。因此，会涉及文本文件的写入。dom4j 提供了 XMLWriter 类及其相关方法来实现。

例 11-2　试编写一个有关演员信息的 XML 文档，该 XML 文档包含根元素演员 actor 和子元素姓名 name、年龄 age、描述 description，其值分别为易烊千玺、21、我喜欢的电影《长津湖》，并对该 XML 文档实现持久化存储。

```
import java.io.FileWriter;
import java.io.IOException;
import java.io.UnsupportedEncodingException;

import org.dom4j.Document;
import org.dom4j.DocumentHelper;
import org.dom4j.Element;
import org.dom4j.io.OutputFormat;
import org.dom4j.io.XMLWriter;

public class App11_2 {
    public static void main(String[] args) {
        //构造一个空的 Document 对象
        Document doc = DocumentHelper.createDocument();
        //添加注释
        doc.addComment("一个演员信息文档");
        //添加根元素 actor,并在根元素下添加子元素
        Element root = doc.addElement("actor");
        Element eltName = root.addElement("name");
        Element eltAge = root.addElement("age");
        Element eltDescrip = root.addElement("description");
        //为元素设置文本内容
        eltName.setText("易烊千玺");
        eltAge.setText("21");
        eltDescrip.add(DocumentHelper.createCDATA("我最喜欢的电影<<长津湖
>>"));

        //格式化输出
        OutputFormat outFmt = new OutputFormat("    ",true);
        outFmt.setEncoding("gb2312");
        try {
            //XMLWriter xmlWriter = new XMLWriter(outFmt);
            //输出到文件
            FileWriter fw = new FileWriter("dom4jXML.xml");
            XMLWriter xmlWriter = new XMLWriter(fw,outFmt);
            xmlWriter.write(doc);
```

```
            fw.close();
        } catch (UnsupportedEncodingException e) {
            e.printStackTrace();
        } catch (IOException e) {
            e.printStackTrace();
        }
    }
}
```

11.3 编写与解析 JSON 文件

JSON 是互联网环境下的另一种数据表示语言，许多数据采用 JSON 格式进行存储，其应用十分广泛。本节介绍 JSON 语法及其处理方法。

11.3.1 JSON 语法

XML 格式是结构化数据的传输标准。但是 XML 文件十分庞大，格式不够简洁，服务器和客户端解析 XML 时较耗费资源和时间。在大数据时代，需要运用更少的空间表达更多的数据，不仅能提高信息密度，同时也能节省传递时间。

Douglas Crockford 于 2000 年前后创建了一种称为 JavaScript 对象表示法（JavaScript Object Notation）的传输格式。它是基于 JavaScript 的一个子集，作为一种轻量级的数据交换格式，易于阅读和编写，也易于机器解析和生成。二者对比如下：

XML 语法：

```
<?xml version="1.0" encoding="utf-8"?>
<user>
    <name>张三</name>
    <password>123456</password>
    <department>技术部</department>
    <sex>男</sex>
    <age>30</age>
</user>
```

JSON 语法：

```
{
    "name": "张三",
    "password": "123456",
    "department": "技术部",
    "sex": "男",
    "age": 30
}
```

一个 JSON 格式的数据可以包含简单值、数组和对象 3 种类型。具体介绍如下。

简单值又包括数值、布尔值和用半角引号括起来的字符串，以及表示空值的 null，如表 11-1 所示。

表 11-1 JSON 格式的简单值

值	示　例
数值	15 999， -7，13.14
布尔值	true，false

续表

值	示 例
字符串	“Hello”,"元宇宙","智慧应急"
空值	null

数组是值的有序**列表**，使用中括号“[]”括起列表中的所有值，值之间用逗号隔开。例如，["Hello",false,"你好",27.9]。显然，JSON 中的数组与 Java 语言中的数组有一定区别。

对象是一个无序的**“键(Key)”与“值(value)”**的成对集合。使用大括号“{}”括起集合中的所有键值对。每个键与值之间用“:”隔开，且键-值对之间用“,”分隔。以下就是一个 JSON 对象：{"姓名":"李小龙","年龄":38,"婚否":true}。注意：所有符号都需要以半角状态输入，即英文输入法下的符号，中文输入法常是全角，将会导致错误，无法正常解析。

数组和对象中所包含的值并不局限于简单值，数组和对象自身也属于值。因此在数组和对象中可以继续嵌套数组和对象，以表现出更复杂的结构化数据。例如：

```
{"姓名":"李小龙","年龄":38,"婚否":true,"子女":[{"关系":"长子","姓名":"李国豪","
年龄":8},{"关系":"次女","姓名":"李香凝","年龄":6}]}
```

以上内容在 XMLSpy 软件中解析如下：

```
{
    "姓名": "李小龙",
    "年龄": 38,
    "婚否": true,
    "子女": [
        {
            "关系": "长子",
            "姓名": "李国豪",
            "年龄": 8
        }, {
            "关系": "次女",
            "姓名": "李香凝",
            "年龄": 6
        }
    ]
}
```

具体示例如图 11-4 所示。

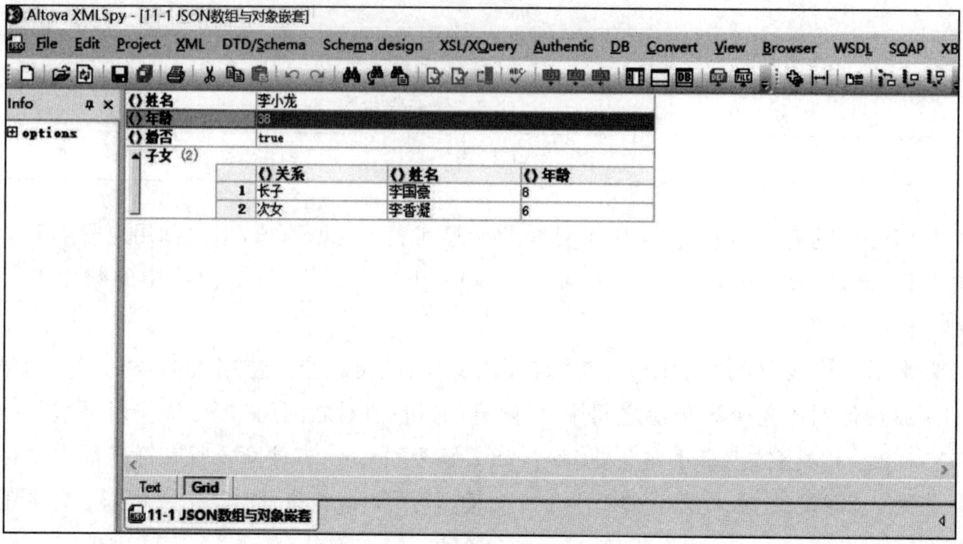

图 11-4 JSON数组与对象嵌套

11.3.2 读取JSON文件

JSON.simple是一个读取、编写和解析JSON数据的Java库。下载JSON-simple,并将它作为外部库添加到Eclipse项目中。

例 11-3 试读取位于D盘的JSON文件testJSON.json。

```
import java.io.FileNotFoundException;
import java.io.FileReader;
import java.io.IOException;
import java.util.Iterator;

import org.json.simple.JSONArray;
import org.json.simple.JSONObject;
import org.json.simple.parser.JSONParser;
import org.json.simple.parser.ParseException;

public class App11_3 {
    public static void main(String[] args) throws FileNotFoundException,
IOException, ParseException {
        readJSON("D:/testJSON.json");
    }
    public static void readJSON(String inFileName) throws
FileNotFoundException,IOException,ParseException{
        JSONParser parser = new JSONParser();
            Object obj =parser.parse(new FileReader(inFileName));
```

```
            JSONObject jsonObject = (JSONObject)obj;
            String name=(String )jsonObject.get("李小龙");
            System.out.println(name);
            int age=(int)jsonObject.get(38);
            System.out.println(age);
            boolean isMarriage=(boolean)jsonObject.get("true");
            System.out.println(isMarriage);
            JSONArray reviews =(JSONArray)jsonObject.get("子女");
            Iterator<String> iterator= reviews.iterator();
            while(iterator.hasNext()){
                System.out.println(iterator.next());
            }
    }
```

11.3.3　写入 JSON 文件

例 11-4　将 JSON 文件{"姓名"："李小龙","isMarriage"：true,"子女"：["李国豪","李香凝"],"年龄"：38}通过编程存放到 D 盘下，文件名为 familyJSON.json。

```
import java.io.FileWriter;
import java.io.IOException;
import org.json.simple.JSONArray;
import org.json.simple.JSONObject;

public class App11_4 {
    public static void main(String[] args) {
        writeJson("D:/familyJSON.json");
    }
    public static void writeJson(String outFileName){
        JSONObject obj = new JSONObject();            //创建对象
        obj.put("姓名", "李小龙");                     //put()添加键-值对
        obj.put("年龄", 38);
        obj.put("婚否", true);
        JSONArray list = new JSONArray();             //创建数组
        list.add("李国豪");                            //用 add()添加数组对象元素
        list.add("李香凝");
        obj.put("子女",list);                          //将数组对象作为原对象的值
            try{
            FileWriter file = new FileWriter(outFileName);
            file.write(obj.toJSONString());
            file.flush();
            file.close();
        }catch(IOException e){
```

```
            e.printStackTrace();
        }
        System.out.print(obj);
        }
    }
```

11.4 从PDF文件中提取文本

PDF文件是应用最广泛的文件类型之一。因此,解析和提取PDF文件在现实中需求较高。但是,PDF文件也是最难处理的文件类型之一。有些PDF文件由于有密码保护无法解析,而其他一些PDF文档则包含图像。Apache提供了Tika API,可用于从PDF文件中提出文本。请先下载Apache Tika。下载界面如图11-5所示。

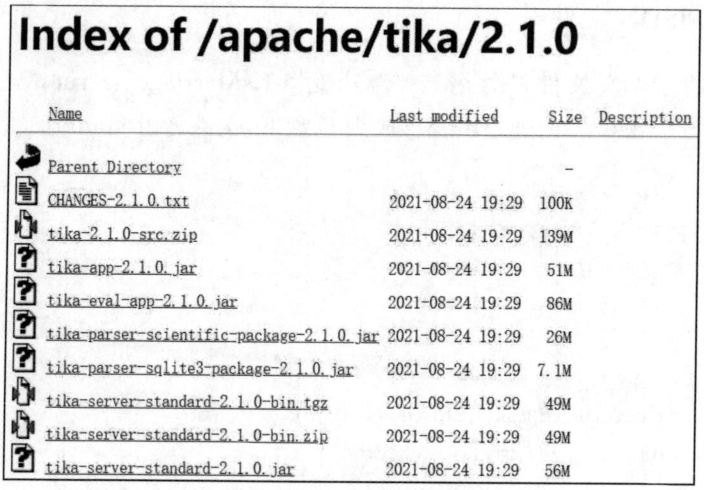

图11-5 Apache Tika下载界面

选择图11-5中的tika-app-2.1.0.jar下载。将jar包放在D:\files\eclipse\workspace下。通过命令cmd进入DOS界面,进入刚才下载的jar包所在的目录。例如将jar包下载到D盘tika文件夹下,使用cmd进入该目录内。在该目录下,执行命令:

```
C:\>D:
D:\>cd files\eclipse\workspace
D:\files\eclipse\workspace>java -jar tika-app-2.1.0.jar --gui
```

注意:前后都要用到jar标识符,前面是带短横线的指令,后面是文件名后缀。--gui须画两个短横线,如果只有一个短横线,会出现以下提示:

```
Exception in thread "main" java.net.MalformedURLException: no protocol: -gui
        at java.net.URL.<init>(Unknown Source)
        at java.net.URL.<init>(Unknown Source)
```

```
        at java.net.URL.<init>(Unknown Source)
        at org.apache.tika.cli.TikaCLI.process(TikaCLI.java:503)
        at org.apache.tika.cli.TikaCLI.main(TikaCLI.java:259)
```

其他错误输入如下：

```
java -jar tika-app-2.1.0
java -jar tika-app-2.1.0 -gui
java -jar tika-app-2.1.0.jar -gui
```

通过以上正确操作，就会打开 Apache Tika 界面，如图 11-6 所示。下面就可以打开文件让 Tika 进行检测了。有 3 种方法可以打开文件：依次选择菜单栏中的 File→Open→想要识别的文件；或选择 File→Open URL 命令，输入文件所在地址；或直接将 PDF 文件拖曳到界面上。打开文件后，Apache Tika 会自动提取文件内容。

图 11-6 Apache Tika 界面

View 菜单可以提供以下 6 种视图访问形式。

(1) Metadata(元数据)。

(2) Formatted text(格式化文本)。

(3) Plain text(纯文本)。

(4) Main content(主内容)。

(5) Structured text(结构化文本)。

(6) Recursive JSON(JSON 格式)。

选择 PDF 文件进行测试：A deep learning based method for extracting semantic information from patent documents，将其拖动到界面中，会默认生成以下元数据视图访问文档，如图 11-7 所示。

若要把结构化数据转化为网页文件，可以通过 Tika 实现。将 Excel 文件“陕西省第十五次哲学社会科学优秀成果奖参评成果目录公示汇总表.xlsx”文件通过 view-

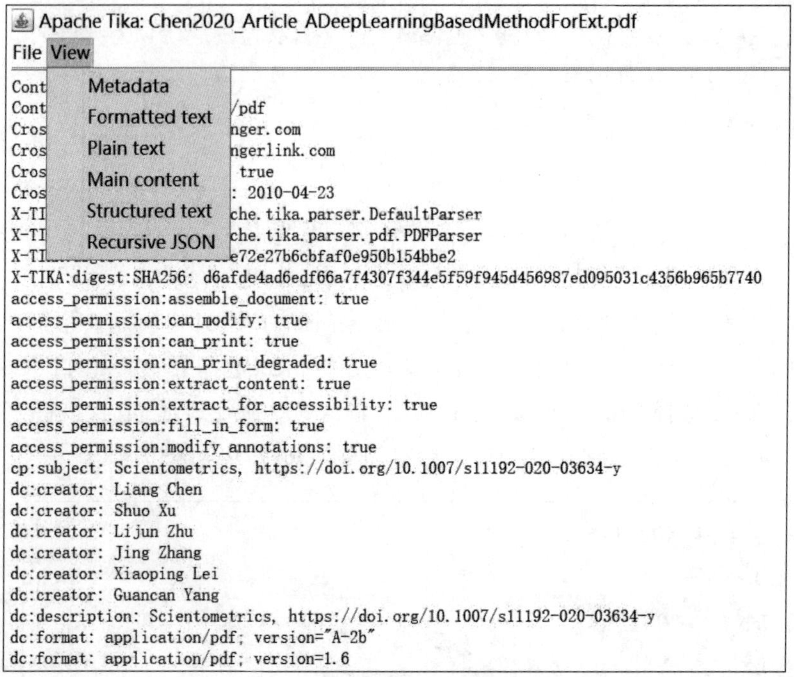

图 11-7 元数据视图访问文档生成

structured text 生成 xhtml 文件，将其复制到记事本中，以.xhtml 为扩展名保存文件，即可得到网页文件，如图 11-8 所示。

图 11-8 将 Excel 文件转换成网页文件

以上是通过图形化界面 GUI 所做的操作，也可以通过运用 Tika API 编程实现。主要是调用 AutoDetectParser 构建解析器对象 parser，然后调用该类中的 parse(stream, handler, metadata, new ParseContext())方法。

本章习题

1. XML 文档和 JSON 文档在语法上有何联系和区别？试举例说明。

2. 试通过 Java 编程将 XML 文档转换为 JSON 文档。

3. 试运用 Tika API 获得某一篇文献的所有元数据信息。

4. 请对例题中平娃那篇 XML 文档，运用 dom4j API 实现遍历，并提出所有文本内容。

第 12 章 Chapter 12

Web 爬虫

本章主要内容：

- 爬虫类型；
- 静态爬虫及其实现；
- 动态爬虫及其实现；
- 爬虫框架；
- 爬虫软件。

第 11 章介绍了运用相关 Java API 工具进行 XML、JSON、PDF 等常用数据文件的编写和解析。大数据时代，万维网本身就是一个大型的动态数据仓库，每天 Web 数据以前所未有的速度增长，获取和处理 Web 数据是数据分析的基础和核心工作。如果想从多途径获得全面、实时、准确的 Web 数据，就需要编写网络爬虫。本章介绍 Web 爬虫的有关方法。

从网页的交互性来划分，可以将爬虫分为面向静态网页的静态爬虫和面向动态网页的动态爬虫。从源代码参与的多寡来划分，可以分为普通爬虫程序、开源爬虫框架和成熟爬虫软件 3 类。普通爬虫程序是指所有爬虫是通过编写程序源代码实现；开源爬虫框架是该爬虫已基本实现，只需要部署并结合目标经过少许修改就可实现；成熟爬虫软件是指公司编写的爬虫客户端软件，通过图形界面设置相关内容即可实现目标。下面重点介绍静态爬虫和动态爬虫技术及其实现，然后介绍开源爬虫和知名爬虫软件。

12.1 初识爬虫

Web 爬虫，也被称为网络蜘蛛（Web spider），是在万维网浏览网页并按照一定规则提取信息的程序。网络爬虫一般可分为通用爬虫、主题爬虫、增量爬虫、深层页面爬虫。大部分爬虫是主题爬虫，这也是本书所关注的内容。与通用爬虫相比，主题爬虫只需要爬取与主题相关的页面，可以更好地满足一些特定人群对特定领域信息的需求。

利用爬虫爬取信息就是模拟浏览器访问网页的过程，如图 12-1 所示。用程序模拟浏览器，向网站服务器发出浏览网页内容的请求（request），在服务器检验成功后，返回响应

(response)请求网页的信息,然后解析网页并提取需要的数据,最后保存数据。网页请求的方式有 get 和 post 两种。get 方式是常见的方式,响应速度快,但安全性不如 post。post 多以表单形式上传参数的功能,除查询信息外,还可以修改信息。编写爬虫程序需要克服以下基本问题。

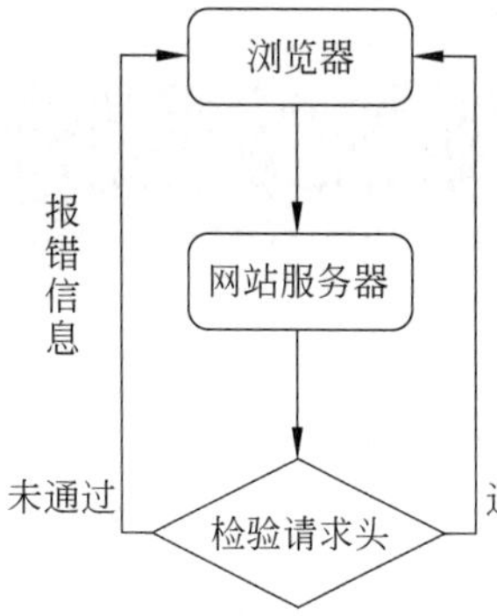

图 12-1 浏览器访问网页的过程

(1) 如何发起请求?可以使用 HttpClient 或 OkHttp 库来发起请求。

(2) 服务器为什么要检验请求?大量的爬虫请求会造成服务器压力过大,可能使得网页响应速度变慢,影响网站的正常运行。也有些网站设置有 robots.txt 来声明对爬虫的限制,如 www.baidu.com/robots.txt。因此,网站一般会检验请求头里面的 User-Agent(UA,识别身份)来判断发起请求的是不是机器人,可以通过设置 UA 来进行简单伪装,其相关内容被称为反爬技术。

(3) 解析网页并提取数据。使用 Jsoup 库和正则表达式来解析网页并提取数据。

(4) 保存文本内容。可以根据数据格式的不同将提取的内容保存在 TXT、CSV、JSON 等文件中,如果数据量很大,可存入数据库保存。

下面重点围绕 HTTP 请求和 HTML 解析展开说明。

12.1.1 HTTP 请求技术

Java 语言在 Web 系统开发方面首屈一指。访问 Web 系统页面包含 HTTP 请求和响应。对于爬虫而言,网页下载器是爬虫的核心部分之一,下载网页就需要实现 HTTP 请求。常用请求有以下两种。

(1) HttpClient。HttPClient 是一个第三方开源框架,对 HTTP 的封装性不错,通过它基本上能够满足大部分爬虫需求。2020 年 2 月,httpClient 发布 5.0,目前官方网站提供的稳定版本有 HttpClient 4.5 和 HttpClient 5.1 两类。该包自 JDK 11 以后,已经内置在 JDK 中,无须专门下载即可调用。在 JDK 11 以前,JDK 内置的包为 HttpURLConnection,如果使用 HttpClient 需要到 Apache 网站下载 Jar 包调用。

(2) OkHttp。OkHttp 是 Square 公司面向 Java 语言封装的一个高性能 HTTP 请求库。OKHttp 类似于 HttpURLConnection,是基于传输层实现应用层协议的网络框架,而不只是一个 HTTP 请求应用的库。从 Android 4.4 开始,HttpURLConnection 的底层实现为 OkHttp,OkHttp 受到较多软件框架的关注,如 WebCollector 从 2.72 版本开始,默认使用 OkHttpRequester 作为 HTTP 请求插件。通过访问 http://square.github.io/okhttp 可以得到主页下载 API,其主页如图 12-2 所示。

例 12-1 试运用 HttpClient 编写爬虫程序获得中国政府网数据主页源代码中的所有实体(entity)。

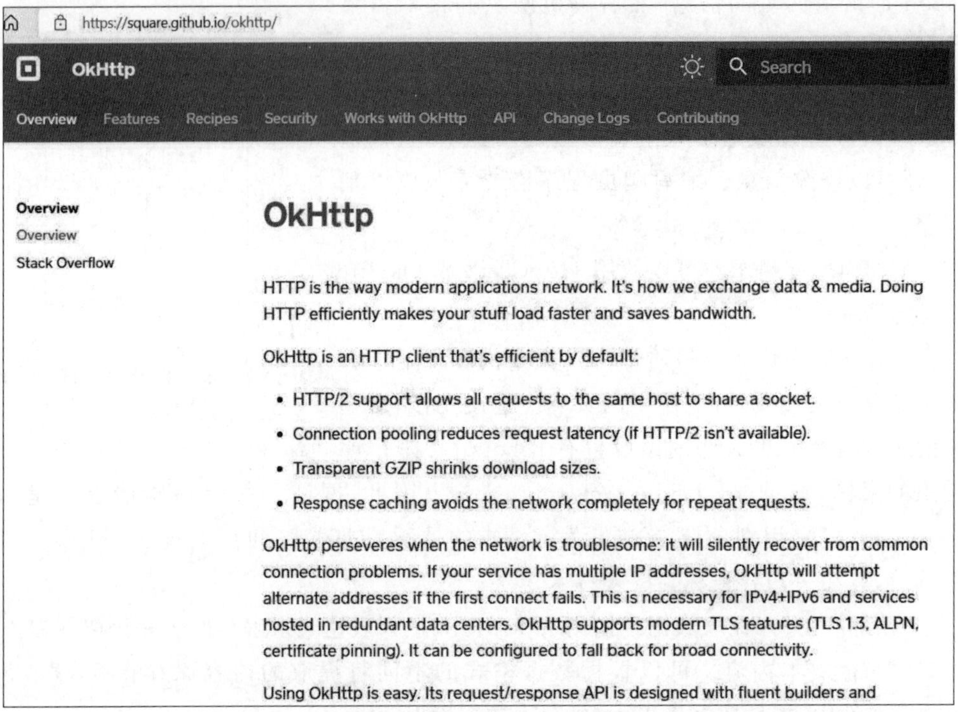

图 12-2 github 中的 OkHttp 主页

```
import java.io.IOException;
import org.apache.hc.client5.http.classic.methods.HttpGet;
import org.apache.hc.client5.http.impl.classic.CloseableHttpClient;
import org.apache.hc.client5.http.impl.classic.CloseableHttpResponse;
import org.apache.hc.client5.http.impl.classic.HttpClients;
import org.apache.hc.core5.http.HttpEntity;
import org.apache.hc.core5.http.ParseException;
import org.apache.hc.core5.http.io.entity.EntityUtils;
public class App12_1 {
    public static void main(String[] args) throws IOException, ParseException {
        //获得 HttpClient 对象
        CloseableHttpClient httpclient=HttpClients.createDefault();
        //定义目标页面中国政府网数据主页 URL
        String url = "http://www.gov.cn/shuju/index.htm";
        //使用 HttpGet 对象绑定 URL,实现 HTTP 请求
        HttpGet httpGet= new HttpGet(url);
        //获得响应消息封装在 HttpResponse 对象中
        CloseableHttpResponse response = httpclient.execute(httpGet);
        //entity 中是响应消息的实体
        HttpEntity entity = response.getEntity();
        //读取实体内容返回字符串,并输出
        String strResult = EntityUtils.toString(entity);
```

```
        System.out.println(strResult);
    }
}
```

说明：HttpClient 5 以上和 Http 4.X 中的包名不同。其开头是 org.apache.hc.client5/core5…如果计算机安装的是 JDK 8，需要下载 HttpClient 5.1，然后将相关的包通过 Eclipse 软件导入系统中。

12.1.2 Jsoup 与 HTML 解析技术

要从一个 HTML 文档中提取数据，并了解这个 HTML 文档的结构需要先将 HTML 解析成一个 Document，然后使用类似于文档对象模型(Document Object Model，DOM)的方法进行操作。Jsoup 是一款 Java 的 HTML 解析库，与 Python 中的 beautifulsoup 功能相似，支持从 URL、文件或字符串中抽取与解析 HTML。

方法 1：Jsoup.connect()方法返回一个 org.jsoup.Connection 对象。

```
Document document = Jsoup.connect("http://www.baidu.com/").get();
```

在 Connection 对象中，可以用 get 和 post 来执行请求。在执行请求之前，可以使用 Connection 对象来设置一些请求信息，如头信息、cookie、请求等待时间、代理等来模拟浏览器行为，模拟浏览器行为可以让爬虫像浏览器，这是一种应对反爬的技术。模拟浏览器，在请求头里只需要设置 User-Agent 就可以正常访问，但为了保险起见，往往会把所有请求头信息带上，这样可以让爬虫更像浏览器。

```
Document document = Jsoup.connect("http://www.baidu.com/")
                          .data("wd","我")
                          .userAgent("Mozilla")
                          .cookie("auth","token")
                          .timeout(3000)
                          .post();
```

方法 2：Jsoup.parse()方法获取一个 Document 对象。

```
Document parse = Jsoup.parse(new URL("http://www.baidu.com/"), 1000 * 10);
```

运用 parse()方法获取解析器是常用方法，除了 URL 对象以外，还可以从文件和字符串对象构建解析器，进而为 HTML 解析做好准备：

从文件中获取：

```
Document path = Jsoup.parse(new File("path"), "utf-8");
```

从字符串获取：

```
Document text = Jsoup.parse("");
```

Jsoup 支持以 DOM 方法遍历网页内容，或 CSS 选择器查找和提取数据，能够操作

HTML 元素、属性和文本，其核心环节是基于 DOM 进行 Document 对象操作，工作流程如图 12-3 所示。表 12-1 总结了 Jsoup 支持对象操作的主要方法，最新版为 Jsoup-1.14.3.jar。

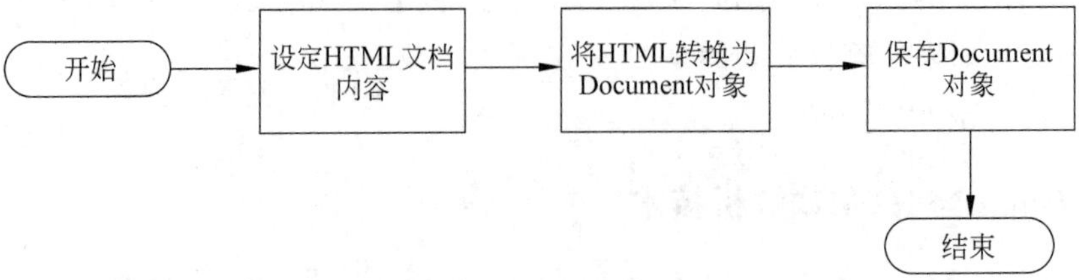

图 12-3 Jsoup 的工作流程

表 12-1 Jsoup 支持对象操作的主要方法

	类别	方法名称	含义
DOM 方法	查找元素	getElementById(String id)	按 ID 查找
		getElementsByTag(String tag)	按 Tag 查找
		getElementsByClass(String className)	按 CSS 类查找
		getElementsByAttribute(String key)	按属性查找
		siblingElements() firstElementSibling() lastElementSibling() nextElementSibling() previousElementSibling()	查找同胞元素
		parent() children() child(int index)	查找节点层级
	元素数据	attr(String key) attr(String key, String value)	获取属性 设置属性
		attributes()	获取所有属性
		id()	获取 ID
		className() classNames()	获取 CSS 类
		text() text(String value)	获取文本内容 设置文本内容
		html() html(String value)	获取元素内的 HTML，设置元素内的 HTML
		outerHtml()	获取元素外内容
		data()	获取数据内容
		tag(),tagName()	获取 Tag 与名称

续表

	类别	方法名称	含义
DOM 方法	操作HTML和文本	append(String html) prepend(String html)	在元素前后增加 HTML
		appendText(String text) prependText(String text)	在元素前后增加文本
		appendElement(String tagName) prependElement(String tagName)	在元素前后增加元素
		html(String value)	修改 HTML 内容
CSS/Jquery 选择器语法	查找元素	Element,select(String selector) Elements,select(String selector)	支持 Document/Element/Elements 的选择,可实现指定过滤和链式选择访问

通过 Document 获取指定节点 Element 对象,通过方法来查找指定的节点 Element。

```
//通过元素 ID 值来获取对应的节点
Element element = document.getElementById(String id);
//通过标签名来获取
Elements elements = document.getElementsByTag(String tagName);
//通过类名来获取
Elements elements = document.getElementsByClass(String className);
//通过属性名来获取
Elements elements = document.getElementsByAttribute(String key);
//通过指定属性名称和属性值来获取节点对象
Elements elements = document.getElementsByAttributeValue(String key, String
value);
//获取所有节点元素
Elements elements = document.getAllElements();
```

关于它的更多使用,可查询 Jsoup 网站 https://jsoup.org/apidocs/的 API 文档。

例 12-2 运用 Jsoup 实现控制台输出百度主页的所有超链接和字符串。

```
import org.jsoup.Jsoup;
import org.jsoup.nodes.Document;
import org.jsoup.nodes.Element;
import org.jsoup.select.Elements;

public class App12_2 {
    public static void main(String[] args) {
        extractDataWithJsoup("http://www.baidu.com");
    }
    public static void extractDataWithJsoup(String href)throws IOException{
        Document doc =null;
        doc = Jsoup.connect(href).timeout(10 * 1000).userAgent("Mozilla")
```

```
        .ignoreHttpErrors(true).get();              //获得超链接的 Document 对象

        if(doc !=null){
            String title = doc.title();
            String text = doc.body().text();
            Elements links = doc.select("a[href]"); //获取所有超链接
            for(Element link:links){
                String linkHref = link.attr("href");
                String linkText = link.text();
                String linkOuterHtml = link.outerHtml();
                String linkInnerHtml = link.html();
                System.out.println(linkHref +"t" +linkText+"t"+linkOuterHtml
+"t"+linkInnerHtml);
            } //控制台输出所有 Web 页面的链接和字符串
        }
    }
}
```

说明：JSoup 可通过静态方法 connect()和 get()同时作用，最终返回一个 Document 文档对象，上述两个方法可通过 timeout()和 userAgent()搭配使用。timeout()和 userAgent()分别定义了连接期间的用户代理名称，以及指定是否忽略连接错误。timeout()参数为毫秒，这里写成 10＊1000 的形式，表示 10s，便于阅读反映它的实际时间，体现代码可读性。Document 对象提供了大量提取数据的方法，URL 标题可以采用 title()方法，正文文本则可采用 body()方法和 text()方法，提取所有超链接，可采用 select()方法，并把 a[href]作为参数提供给它。最后通过遍历所有链接，获取各个链接，实现分别处理的目标。

12.1.3 DOM、Xpath 与正则表达式

在 HTML 解析过程中，经常会用到 3 种基本技术，文档对象模型(DOM)、Xpath 和正则表达式，掌握这些内容有利于更好地把握和编写解析器，实现 HTML 解析。因此，有必要对这些知识点进行集中介绍。

1. DOM

由于 HTML 文档的树状结构特征，解析 HTML 文档可将 HTML 文档看成一棵树，而这棵树的每一层有若干节点，文档对象模型是 W3C 制定的标准规范，在该规范中提供了一系列支持处理 HTML/XML 文档的属性和方法集合。文档对象模型正是节点树的现实应用，它以面向对象的方式描述文档，标准包含了通过 DOM 方式访问 HTML 和 XML 文档的方法，分别称为 HTML DOM 和 XML DOM。Web 页面的提取涉及的标准是 HTML DOM。该模型支持用不同的高级编程语言来实现，故有不同的 API 支持。就 Java 语言来看，其相关的 Java API 就包括 JAXP、JDOM、dom4j 等多种类库。其中，

JAXP 是 JDK 自带的标准库,其他是外部 API,需要下载相应的包并导入 Eclipse 平台才能使用。无论是何种语言包,它们底层都会遵守 DOM 标准规范,DOM 标准的核心是建立在节点类型基础上的方法,主要有以下节点。

- 文档节点(Document 节点);
- 元素节点(Element 节点);
- 属性节点(Attr 节点);
- 文本节点(Text 节点);
- CDATA 节点(CDATASection);
- 命名空间节点(NameSpace 节点);
- 处理指令节点(Processing-Instruction 节点);
- 注释节点(Comment 节点)。

如图 12-4 所示,Element、Attr、Text、CDTASectiont 等节点在 Node、NodeList 和 NamedNodeMap 之下。与 Element 这些具体节点不同,DOM 模型中包含 Node、NodeList 和 NamedNodeMap 三个抽象接口,它们分别与抽象节点、节点集合列表和属性集合列表相关,这些接口中所涉及的方法大多数是可以被下面的 Element、Attr、Text 等具体节点所共用的。以 Node 为例,它是 Element、Attr 和 Text 等其他节点的抽象节点,提供了很多操作以上具体节点的共有方法。表 12-2 是 Node 接口的常用方法,有关其他两个接口和下面的节点方法可以通过查找文档获得,这里不再赘述。

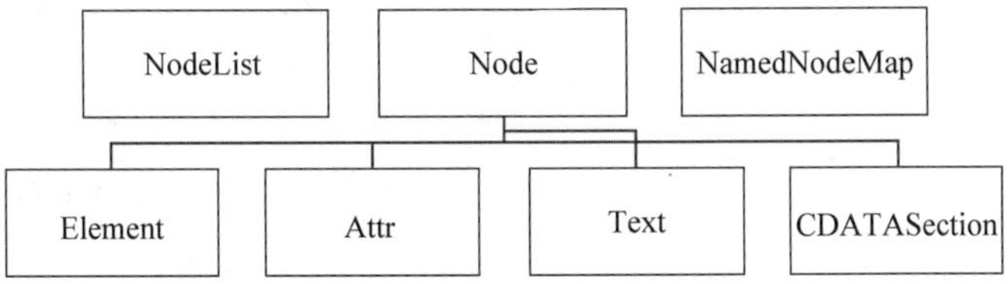

图 12-4　节点类型及其关系

表 12-2　Node 接口的常用方法

方　　法	描　　述
Node appendChild (Node newChild)	添加一个子节点,如果已经存在该节点,则删除后添加
Node getFirstChild()	如果节点存在子节点,则返回第一个子节点
Node getNextSibling()	返回 DOM 树中这个节点的下一个兄弟节点
String getNodeName()	根据节点的类型返回节点的名称
String getNodeValue()	返回节点的值
short getNodeType()	返回节点的类型
boolean hasChildNodes()	判断是否存在子节点

2. XPath——通过路径查找元素

Xpath 即 W3C 指定的 XML 路径语言，其目的是对 HTML 和 XML 文档实现寻址。Xpath 基于 HTML 和 XML 的树状结构，利用不同类型的节点，包括元素节点、属性节点和文本节点等，提供在数据结构树中寻找节点的能力。XPath 在节点树方面与 DOM 有相似之处，但在具体实现方法及函数方面又有自身特点，它通常被开发者用来当作小型查询语言。Xpath 包含路径表达式和若干标准函数库。Xpath 路径由一个或多个定位步(step)组成，不同 step 之间使用"/"分隔。Xpath 完整语法如下：

```
轴::节点测试[限定谓语]
```

轴：用于定义当前节点与所选节点的关系。

节点测试：用于指定轴内部的部分节点。

限定谓语：0 个或 1 个，或多个判断语句，使用专用的表达式对轴和节点测试相匹配的节点做进一步限定。

注意区分轴与节点的异同：轴是关系，节点是节点。Xpath 中的轴名称及其说明如表 12-3 所示。

表 12-3 Xpath 中的轴

轴 名 称	说 明
self	节点本身
child	子节点
parent	父节点
descendant	所有的下层节点，子节点、孙节点等
descendant-or-self	节点本身和所有的下层节点
ancestor	上下文节点以上或更多层的节点
ancestor-or-self	节点本身和所有的上层节点
following	所有在其之后的节点
following-sibling	所有在其兄弟节点之后的节点
preceding	包括上下文节点在文档顺序前的所有节点
preceding-sibling	所有在其兄弟节点之前的同胞节点
tttribute	属性节点
namespace	节点的名称空间

在实际的 Xpath 表达式中，经常采用简化路径表示轴。轴和简化路径的对应关系如表 12-4 所示。

表 12-4　Xpath 中的轴和简化路径的对应关系

轴　名　称	简 化 路 径
child::	省略
attribute::	@
self::	.
parent::	..
descendant-or-self	//
[position()=1]	[1]

使用 Xpath 一般依托开源工具包的支持。正如 Python 环境下采用 lxml.etree 库来实现路径查找元素，在 Java 中，Jaxen 是一个采用 Java 编写的开源 XPath 库，它可以适应 DOM、JDOM 和 dom4j 等多种不同的对象模型来解决相关问题。

例 12-3　试访问中国政府网国情主页 http://www.gov.cn/guoqing/index.htm，试查该页面 HTML 源代码，选取中间党和国家机构版块的第一条记录查看选择器(selector)路径和 Xpath 路径。

下面以 Chrome 浏览器为例，要用 select(选择器)定位数据，需要使用浏览器的开发者模式(按 F12 键打开开发者模式界面，可能在主页右边或者下边出现)。将鼠标光标停留在对应的数据位置并右击，在弹出的快捷菜单中选择"检查"命令，如图 12-5 所示。

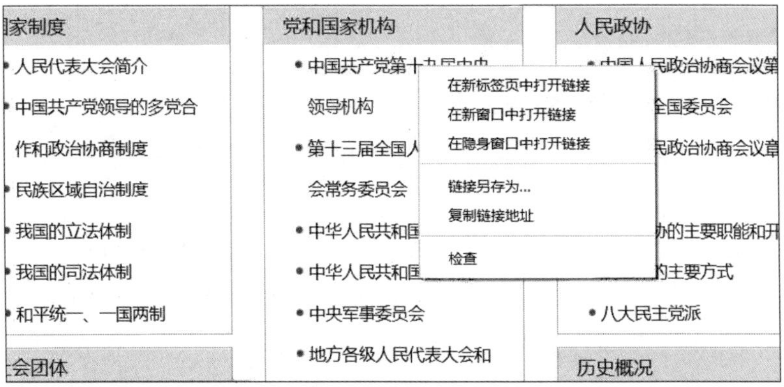

图 12-5　通过选定记录，选择"检查"进入开发者模式指定区域

此时会出现主页和开发者模式共存的界面，右击高亮数据，在弹出的快捷菜单中选择"复制"命令，可以发现有"复制 selector"和"复制 Xpath"命令，如图 12-6 所示。分别选中这两条命令。

"复制 Selector"结果如下。

```
#guoqing_xiangqing_904 > div.cond_list_t_b > div:nth-child(2) > div.cond_
list.hover > div > ul > li:nth-child(1) > a
```

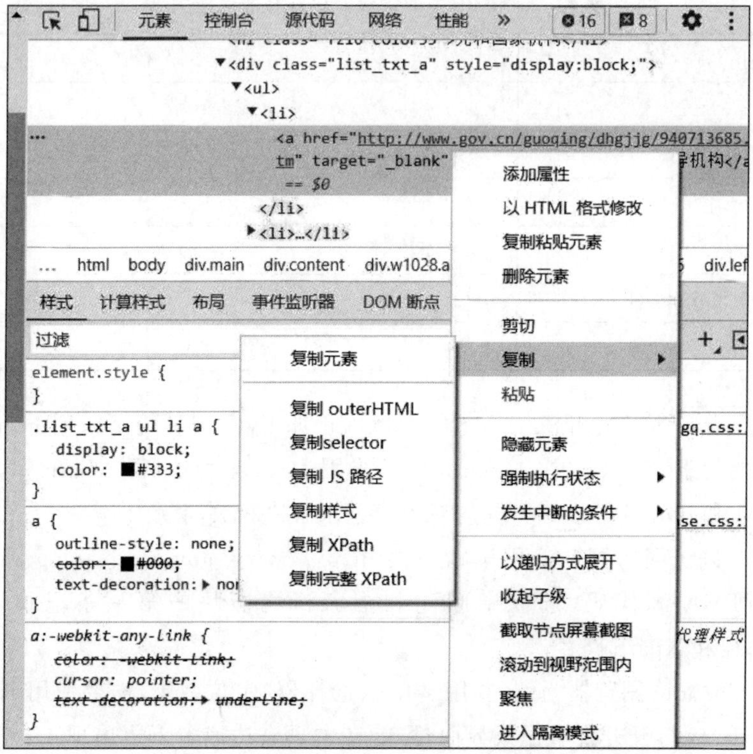

图 12-6　在开发者模式界面指定区域选择"复制"命令

"复制 Xpath"结果如下。

```
//*[@id="guoqing_xiangqing_904"]/div[1]/div[2]/div[1]/div/ul/li[1]/a
```

显然,两条路径的表示有所不同。前者属于 CSS/JQuery 选择器语法,后者为 XPath。

假如要求输出这条记录的文本,这里复制 Select 可以使用 document.select()引用这个路径(select 方法使用见表 12-1 中 CSS/Jquery 选择器语法),代码如下:

```
Data=document.select("#guoqing_xiangqing_904 > div.cond_list_t_b > div:nth-child(2) > div.cond_list.hover > div > ul > li:nth-child(1) > a")
```

如果输出"党和国家机构"下的所有文本,则可以去掉"//li: nth-child(1) > a"中的(1),其参数为

```
#guoqing_xiangqing_904 > div.cond_list_t_b > div:nth-child(2) > div.cond_list.hover > div > ul > li:nth-child > a
```

就 XPath 而言,上面是相对路径,而且运用了 Xpath 简化路径的表示。下面比较完整的 Xpath 路径。选择"复制完整 Xpath"命令,结果如下所示:

```
/html/body/div[1]/div/div[1]/div[2]/div[1]/div[2]/div[1]/div[2]/div[1]/div/
```

```
ul/li[1]/a
```

对比发现，完整路径是从 HTML 页面的根目录 html 开始，按照树状结构逐层限定。相对路径则不同，绝对路径加黑部分被相对路径//*[**@id="guoqing_xiangqing_904"**]取代，它表示节点符合属性 id 值为"**guoqing_xiangqing_904**"**下的所有所录**。"//"表示节点本身和所有下层节点。

查看复制元素，结果与 Xpath 有何不同呢？

```
<a href="http://www.gov.cn/guoqing/dhgjjg/940713685.htm" target="_blank">中国共产党第十九届中央领导机构</a>
```

元素的结果是超链接文本及其属性。无论是选择器、Xpath 还是复制元素，以上内容在指定路径中均有具体作用，需要加以认识并准确使用。

3. 正则表达式

正则表达式是处理字符串的强大工具，可以使用正则表达式来匹配、替换和拆分字符串。正则表达式(regular expression)，简写为 regex，是一个字符串，用来描述匹配一个字符串集合的模式。与 Python 标准库中拥有 re 包使用正则表达式一样，JDK 标准库也有正则表达式，位于 java.util.regex 包，该类库中包含 Pattern 和 Matcher 两个工具类，相关方法内置于以下两个类中。

Pattern：编译好的带匹配的模板，如：Pattern.compile("[a-z]{2}")。

其中，[a-z]表示取 a～z 的两个小写字母；compile()是静态方法，Pattern 为类名。

Matcher：匹配目标字符串后产生的结果，如：p.matcher("目标字符串")。match()方法是实例方法，p 为对象名。

除了 JDK 内置的标准正则表达式包以外，regex-builder 是一个围绕 java.util.regex 的轻量包装器，使用它可以实现普通 Java 代码编写正则表达式，而不是非透明的正则字符串，这样更具可读性和重用性。

正则表达式由字面值字符和特殊符号组成。表 12-5 列出了正则表达式的常用语法。

表 12-5 正则表达式的常用语法

正则表达式	匹　配	示　例
X	指定字符 x	Java 匹配 Java
.	任意单个字符，除了换行符外	Java 匹配 J..a
(ab|cd)	ab 或者 cd	ten 匹配 t(en|im)
[abc]	a、b 或者 c	Java 匹配 Ja[uvwx]a
[^abc]	除了 a、b 或者 c 外的任意字符	Java 匹配 Ja[^ars]a
[a-z]	a～z	Java 匹配[A-M]av[a-d]
[^a-z]	除了 a 到 z 外的任意字符	Java 匹配 Jav[^b-d]

续表

正则表达式	匹　配	示　例
[a-e[m-p]]	a到e或m到p	Java匹配[A-G[I-M]]av[a-d]
[a-e&&[c-p]]	a到e与c到p的交集	Java匹配[A-P&&[I-M]]av[a-d]
\d	一位数字,等同于[0-9]	Java2匹配Java[\\d]
\D	一位非数字	$Java匹配[\\D][\\ D]ava
\w	单词字符	Java1匹配[\\w]ava[\\d]
\W	非单词字符	$Java匹配[\\W][\\ w]ava
\s	空白字符	Java 2匹配Java\\s2
\S	非空白字符	Java匹配[\\S]ava
p*	0或者多次出现模式p	aaaa匹配a* abab匹配(ab)*
p+	1或者多次出现模式p	a匹配a+b* able匹配(ab)+
p?	0或者一次出现模式p	Java匹配J? Java ava匹配J? ava
p{n}	正好出现n次模式p	Java匹配Ja{1}.* Java不匹配.{2}
p{n,}	至少出现n次模式p	aaaa匹配a{1,} a不匹配a{2,}
p{n,m}	n到m(不包含)次出现模式p	aaaa匹配a{1,9} abb不匹配a{2,9}bb
\p{p}	一个标点字符~! @#$%^&* ()−+{}|[\]_:;'?"<=>.,/	J?a匹配J\p{p}a J?a不匹配J\p{p}a

正则表达式在表示爬虫网址、图片地址等方面均有广泛应用,有时也会使用有关类库中的方法参与编写爬虫。例如,以下代码针对图片标签和地址用正则表达式,可有如下源代码:

```
private static final String IMG_REG = "<img.*src\\s*=\\s*(.*?)[^>]*?>";
//以上是图片img标签正则式, 以下是img src属性正则式
private static final String IMG_SRC_REG ="src\\s*=\\s*\"?(.*?)(\"|>|\\s+)";
```

例 12-4 试对以下一句话中的字符NWU替换成Northwest University。

```
import java.util.regex.Pattern;
import java.util.regex.Matcher;
public class App12_4 {
    private static String REGEX = "NWU;
    private static String INPUT =  "NWU can trace its origins in 1902, now NWU has
3 campuses";
```

```
    private static String REPLACE = "Northwest University";
    public static void main(String[] args) {
        Pattern p = Pattern.compile(REGEX);
        //获得一个 Matcher 对象
        Matcher m = p.matcher(INPUT);
        //replaceAll()方法把所有的 NWU 换成 Northwest University
        INPUT = m.replaceAll(REPLACE);
        System.out.println(INPUT);
    }
}
```

12.1.4 Java 爬虫框架

以上介绍的 HTTP 请求库和网页解析都是一步步手写爬虫实现的,Java 中还有很多帮助实现爬虫项目的半成品——爬虫框架。爬虫框架允许根据调用框架的接口编写少量的代码实现爬虫,这样能节省编程人员开发爬虫的时间,帮助编程人员高效地开发爬虫。正如在 Python 中有爬虫框架 Scrapy,在 Java 中也有爬虫框架,如分布式爬虫 Apache Nutch 和单机爬虫 Crawler4j、WebMagic 和 WebCollector 等。

Apache Nutch 是一个开源 Java 实现的高度可扩展、成熟的分布式爬虫框架,可以实现细粒度配置并适应各种数据采集任务。Apache Nutch 依赖于 Apache Hadoop 数据结构,适合批量处理大量数据,但也可以针对较小的作业进行定制。Apache Nutch 提供很多插件,包括使用 Apache Tika 解析,使用 Apache Solr、Elasticsearch 构建索引等。Apache Nutch 主页如图 12-7 所示。

值得说明的是,Apache Nutch 主体是为搜索引擎设计的爬虫,而大多数用户是围绕特定主题做有针对性的精准抽取,二者并不对应,如要匹配需进行大量二次开发工作。此外,Apache Nutch 依赖 Hadoop 执行时间消耗大,若集群器数量较少,其速度往往不如单机爬虫快。

单机爬虫有很多,这里以 WebCollector 为例做简要介绍。作为一个无须配置、便于二次开发的 Java 爬虫框架,WebCollector 提供了精简的 API,只需少量代码便可实现强大功能,因而受到 Java 开发者的广泛欢迎。除了支持单机版开发以外,WebCollector 也提供 Hadoop 版支持分布式爬取。与 HttpClient 是 HTTP 请求组件、Jsoup 是 HTML 解析器(内置了 HTTP 请求功能)不同,WebCollector 作为爬虫框架,自带了多线程和 URL 维护,速度方面较前者的单线程速度更快,而且用户在编写爬虫时无须考虑线程池、URL 去重和断点爬取等问题。

总之,编写 Java 爬虫主要包含 HTTP 请求和解析两个主要步骤。通过调用相关 Java API 方法可以实现上述主要功能。下面在以上方法的基础上进一步学习静态爬虫和动态爬虫的技术实现。

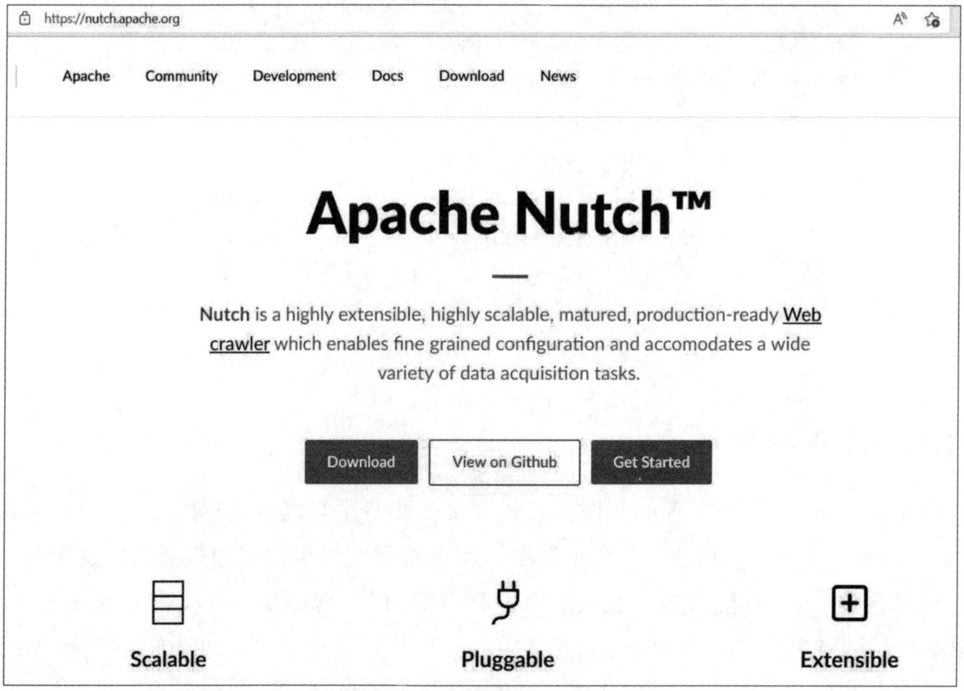

图 12-7 Apache Nutch 主页

12.2 静态爬虫及其实现

静态爬虫就是针对静态网页编写的爬虫。所谓静态网页，它往往意味着纯粹的HTML，没有后台数据库，不含程序，不可交互，体量较少，加载速度快。静态网页的爬取只需 12.1 节开头介绍的“发出请求→获取请求网页→解析网页→保存数据”4 步。

与静态网页不同，动态网页上的数据会随时间及用户交互发生变化，因此数据不会直接呈现在网页源代码中，很多数据将以 JSON 的形式保存起来。动态网页一般使用被称为 AJAX 的快速动态创建网页技术，通过在后台与服务器进行少量数据交换，AJAX 可以使网页实现异步更新，也就是说，在不加载整个网页、不改变主页请求参数的情况下，对网页的某部分内容进行更新。因此，动态网页比静态网页多了一步，即需渲染获得相关数据。

区分动静态网页，可通过右击并选择“查看网页源代码”命令实现，如果网页上的绝大多数字段都出现在源代码中，那么这就是静态网页。

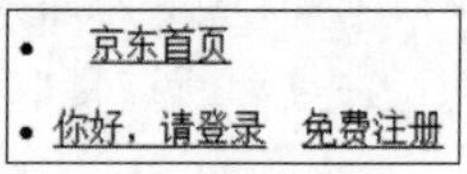

图 12-8 静态网页的浏览器显示

例 12-5 假如有静态网页存放在 D 盘根目录下，文件名为“京东.html”，其主体页面区域的浏览器显示如图 12-8 所示，该页面的 HTML 源代码如图 12-9 所示。

该代码是从京东网站 HTML 源代码中的＜head＞和＜body＞

区域截取的一段代码组合而成的新代码，试输出图 12-8 中的所有文本。

```
<html>
   <head>
     <title>京东(JD.COM)-正品低价、品质保障、配送及时、轻松购物!</title>
   </head>
   <body>
   <div id="shortcut-2014">
     <div class="w">
        <ul class="fl">
          <li id="ttbar-home"><i class="iconfont">&#xe608;</i><a
href="http://www.jd.com/" target="_blank">京东首页</a></li>
        </ul>
        <ul class="fr">
          <li class="fore1" id="ttbar-login">
             <a href="javascript:login();" class="link-login">你好,请登录
</a>  <a href="javascript:regist();" class="link-regist style-
red">免费注册</a>
          </li>
        </ul>
     </div>
   </div>
  </body>
</html>
```

图 12-9　静态网页的 HTML 源代码

```
public class App12_5{
   public static void main(String[] args){
      File file = new File("D:\\京东.html");
      Document doc = null;
      try {
         doc = Jsoup.parse(file, "UTF-8");
         //通过 parse()方法获得 Jsoup 对象,与在线网页采取 connect().get()方法不同
      }
      catch (IOException e) {
         e.printStackTrace();
      }
      if(doc!=null){
         String title =doc.title();                    //获得标题字符串文本
         //基于 selector 路径获取元素对象
         Elements elements = doc.getElementsByTag("a");
         //通过指定元素标签获得超链接元素集合
         String href = elements.text();               //获取元素对象对应的字符串文本
         System.out.println(title);                   //输出标题
```

```
            System.out.println(href);               //输出所有超链接元素字符串
        }
    }
}
```

控制台显示标准化输出结果如下：

```
京东(JD.COM)-正品低价、品质保障、配送及时、轻松购物!
免费注册
京东首页 你好,请登录 免费注册
```

例 12-6 在美国、俄罗斯、菲律宾等实行总统制的国家，总统向国会发表的年度报告称为“国情咨文”。按照美国惯例，每年年初现任总统都要在国会做年度报告，阐述政府的施政方针，“国情咨文”被喻为西方国家的年度“政府工作报告”。历届美国总统在国情咨文演讲中主要阐明美国总统每年面临的国内外情况，以及政府将要采取的政策措施。美国总统项目网站 https://www.presidency.ucsb.edu/documents 收集了历任美国总统的国情咨文演讲。试爬取 2015 年奥巴马的国情咨文。

```
import java.io.IOException;
import org.jsoup.Jsoup;
import org.jsoup.nodes.Document;
import org.jsoup.select.Elements;

public class App12_6 {
    public static void main(String[] args) throws IOException{
        String url="https://www.presidency.ucsb.edu/documents/address-before
-joint-session-the-congress-the-state-the-union-20";
        Document doc = Jsoup.connect(url).userAgent("Mozilla").get();//
        if(doc!=null){
            String title =doc.title();
            Elements element = doc.select("#block-system-main > div > div >
div.col-sm-8 > div.field-docs-content");
            String text=element.text();
            System.out.println(title);
            System.out.println(text);
        }
    }
}
```

说明：例 12-6 是一个实际场景中应用的简单例子，其方法原理与例 12-5 的不同之处主要在于两点：一是这里是通过互联网采集，二是这里使用了选择器路径并使用 select()方法。选择器的选取原则是打开 2015 年国情咨文，通过选定国情咨文正文部分，右击，在弹出的快捷菜单中选择“检查”命令，查看源代码后选择“复制 selector”命令，获得路径 #block-system-main→div→div→div.col-sm-8→div.field-docs-content。本部分也可以使用标签等方式采集。

假如要采集近十年的国情咨文并保存在本地，尝试修改以上代码并实现相关的功能。

12.3　动态爬虫及其实现

与静态网页相比，绝大部分页面是动态页面，嵌入了动态脚本程序，而且很多用户是基于用户 cookies 信息来提供个性化页面访问的，需要登录账号提供动态个性化界面，如微博、推特等；也有一些网站使用了 Ajax 技术，而在网页源代码中无法看到异步加载内容。这种情况下，传统的静态访问网页的技术不够用，需要有支持动态网页爬虫的程序。

12.3.1　Selenium WebDriver 简介

Selenium WebDriver 隶属于 Selenium 项目，通过访问 https://www.selenium.dev/downloads/可以得到图 12-10 所示的多语言下载链接。

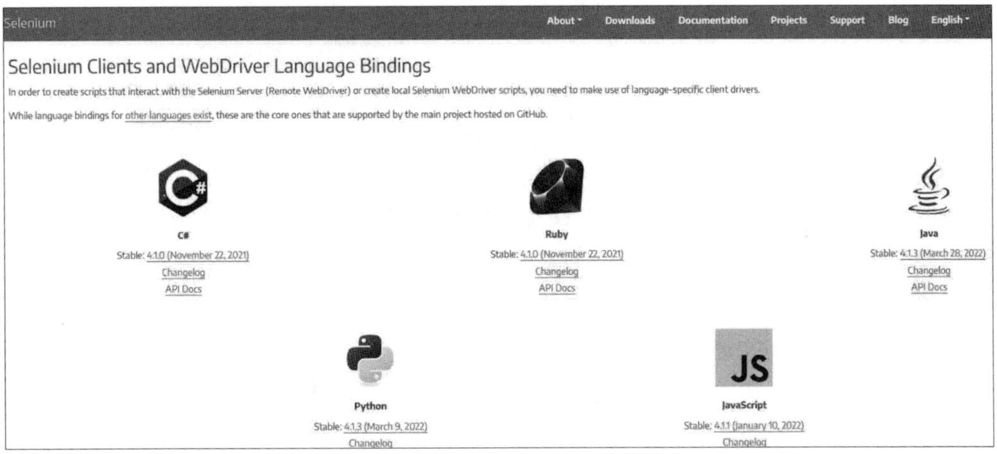

图 12-10　Selenium WebDriver 绑定不同语言的下载链接

WebDriver 是一个干净、快速的 Web 应用自动测试框架。编写爬虫程序，其核心是利用 WebDriver 中的开发语言类库，但同时需要下载与不同浏览器相匹配的驱动程序工作，如图 12-11 所示。WebDriver 支持 Mozilla、Edge、Chrome、Opera 和 Safari 浏览器，此外，还支持手机 Android 和 iOS 系统的移动应用测试。Selenium WebDriver API 可以通过 Java、Python、Ruby、JavaScript 和 C# 多种语言编写爬虫。这里下载 Java 语言的 WebDriver 包。

图 12-11　Selenium WebDriver 需要驱动器才能与浏览器交互

12.3.2 爬取新浪微博

爬取新浪微博，首先需要依托个人 cookie 账户登录新浪微博，登录以后可以直接打开微博个人页面进行爬取。下面试图实现登录新浪微博账号(用户名为 abc，密码为 cd)，然后通过搜索爬取主题为“新冠疫情”的微博内容。下面通过 Selenium WebDriver 依次实现。

首先，配置环境。选取 selenium-api-4.1.3、selenium-chrome-driver-4.1.3 和 selenium-remote-driver-4.1.3 三个 Jar 包构成 selenium 文件夹，放在 Eclipse 项目 Java 文件夹工作台下；在 Eclipse 中配置文件路径，选定项目右击，选择 Java Build Path→Configure Build Path→Libraries→Add External JARs 命令，将上述 Jar 包导入项目中，如图 12-12 所示。

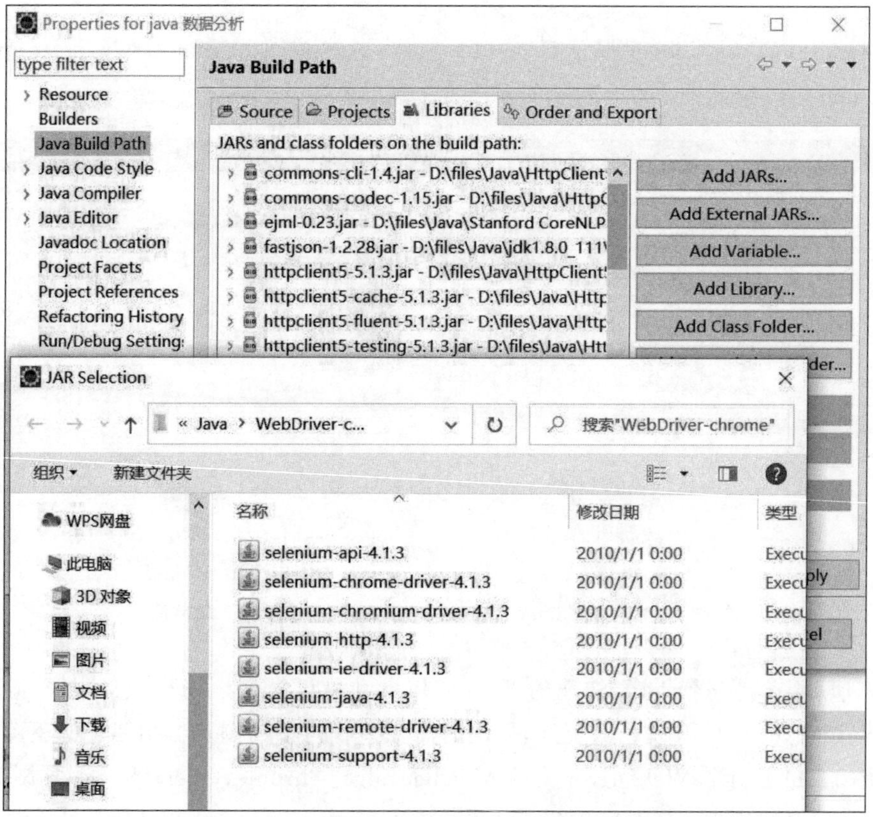

图 12-12 Eclipse 中配置 Selenium 相关的 Jar 文件

编写相关代码，由于所有代码较长，这里选取如下的核心代码：

```
import org.openqa.selenium.By;
import org.openqa.selenium.Platform;
import org.openqa.selenium.WebDriver;
import org.openqa.selenium.WebElement;
import org.openqa.selenium.chrome.ChromeDriverService;
```

```
import org.openqa.selenium.remote.DesiredCapabilities;
import org.openqa.selenium.remote.RemoteWebDriver;

import java.io.File;
import java.io.IOException;
import java.time.LocalDate;
import java.util.List;

class Login {
    private static ChromeDriverService service;
    private static WebDriver webDriver;
    public WebDriver getChromeDriver(){
        System.setProperty("webdriver.chrome.driver","src/chromedriver");
        //创建一个 ChromeDriver 接口
        service = new ChromeDriverService.Builder().usingDriverExecutable(new
File("src/chromedriver")).usingAnyFreePort().build();
        try {
            service.start();
        } catch (IOException e) {
            System.out.println("ChromeDriverService 启动异常");
        }
        //创建一个 Chrome 浏览器实例
        DesiredCapabilities desiredCapabilities = new DesiredCapabilities
("chrome", "81.0.4044.92", Platform.WINDOWS);
        return new RemoteWebDriver(service.getUrl(), desiredCapabilities);
    }
    //模拟新浪微博登录
    public void login(String name,String password){
        webDriver = getChromeDriver();              //获取 webDriver 对象
        webDriver.get("http://login.sina.com.cn/");
        WebElement elementName = webDriver.findElement(By.name("username"));
        elementName.sendKeys(name);
        WebElement elementPassword = webDriver.findElement(By.name("password"));
        elementPassword.sendKeys(password);
        WebElement elementClick = webDriver.findElement(By.xpath("//*[@id=\"
vForm\"]/div[2]/div/ul/li[7]/div[1]/input"));
        elementClick.click();
    }
    public void getContent(){
        List<WebElement> elementNodes = webDriver.findElements(By.xpath("//
div[@class='WB_cardwrap S_bg2 clearfix']"));
        //在运行过程中遭遇微博数==0 的情况,可能是触发了微博反爬机制,需要输入验证码
        if (elementNodes == null){
            String url = webDriver.getCurrentUrl();
```

```
                webDriver.get(url);
                getContent();
                return;
            }
            for (WebElement element : elementNodes){
                //博主主页
                String bz_homePage = element.findElement(By.xpath(".//div[@class=
'feed_content wbcon']/a[@class='W_texta W_fb']")).getAttribute("href");
                System.out.println("博主主页：  " + bz_homePage);
                String wb_content;                          //微博内容
                try {
                    wb_content = element.findElement(By.xpath(".//div[@class='
feed_content wbcon']/p[@class='comment_txt']")).getText();
                }catch (Exception e){
                    wb_content = "";
                }
                System.out.println("微博内容：  " + wb_content);

            }
            System.out.println();
        }
    }
    public class App12_7{
        public static void main(String[] args) {
            Login login = new Login();
            login.login("abc","cd");                    //输出微博账号用户名 abc 和密码 cd
            login.search("新冠疫情");
        }
    }
```

小结：爬虫爬取的过程一般就是模拟人使用微博的过程。一般情况下，如希望查看更多微博，需要向下拉动网页的滚动条，网页会自动加载更多微博内容，如希望爬虫下载更多微博，就需要模拟拉动滚动条这个动作。如希望爬虫能不断爬取最新发布的微博，可以在等待一段时间后直接重新打开首页，然后爬取即可。基于这一认识，爬取新浪微博往往需要 3 步：登录网站→解析微博网站页面→定时重新打开微博首页，许多微博爬虫程序正是基于此来实现动态爬取信息的。

12.4 爬虫客户端软件

除了使用 API 自主编写爬虫、通过使用爬虫框架采集以外，也有不少成熟的爬虫客户端应用平台供用户使用。成熟爬虫平台通过制定图形用户界面，降低了使用门槛，给不太喜欢编程、同时又有自主采集需求的人提供了便利。

12.4.1　火车采集器

火车采集器是一款专业的互联网数据抓取、处理、分析、挖掘软件，可以灵活、迅速地抓取网页上散乱分布的数据信息，并通过一系列的分析处理，准确挖掘出所需数据。图 12-13 是火车采集器的登录界面。登录以后，通过设置相关的爬虫要求，可以实现相关的目标，如图 12-14 所示。截至 2021 年 10 月，其已发布到 10.1 版。据该平台官网介绍，2005—2017 年，火车采集器的用户量位居全国第一。

图 12-13　火车采集器

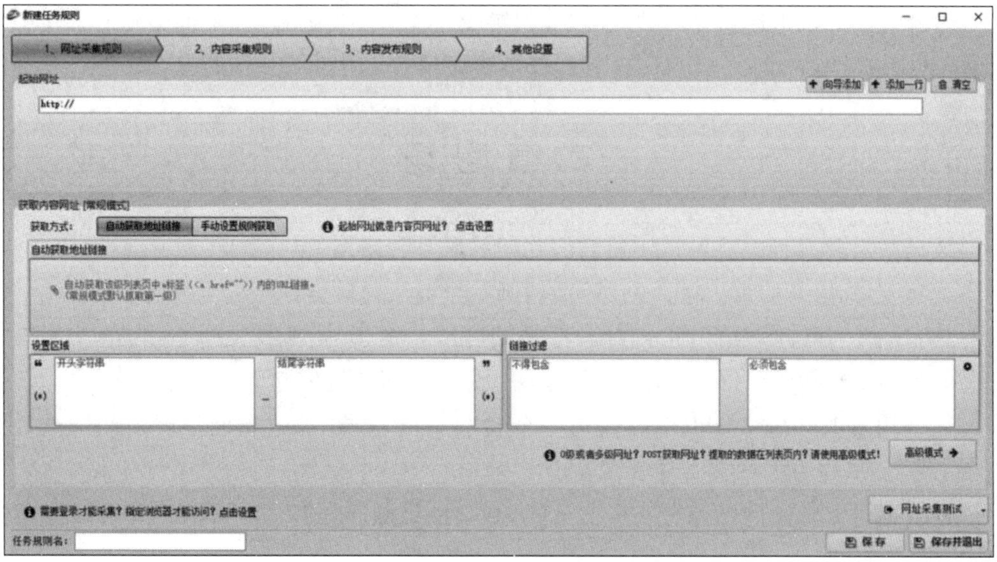

图 12-14　火车采集器任务规则设置界面

12.4.2　八爪鱼采集器

八爪鱼采集器是一款互联网数据采集器，可以实现模拟人浏览网页的行为，通过简单的页面点选，生成自动化的采集流程，从而将网页数据转化为结构化数据，存储于 Excel

或数据库等多种形式中。与此同时，作为数据一键采集平台，提供基于云计算的大数据云采集解决方案。八爪鱼采集器整合了网页数据采集、移动互联网数据及 API 接口服务(包括数据爬虫、数据优化、数据挖掘、数据存储、数据备份)等服务为一体的数据采集工具。截至 2022 年 1 月，其最新版本为 8.5，可登录其官网下载，如图 12-15 所示。该软件主页提供了热门采集模板和教程供用户学习，八爪鱼已经跃居国内数据采集市场第一名。

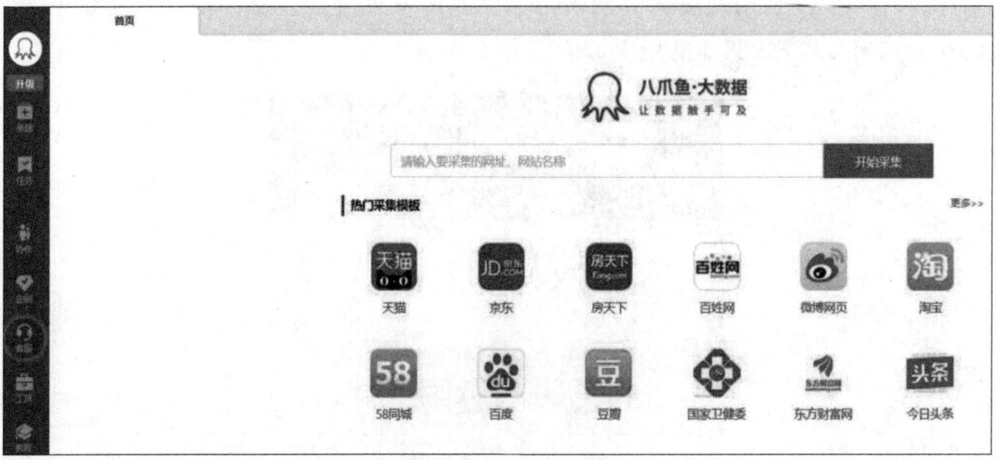

图 12-15 八爪鱼客户端主页界面

随着数据分析市场的发展，互联网数据采集正成为一大产业，相关的采集软件层出不穷，除了以上龙头企业产品以外，还有后羿采集器等。

本章习题

1. 爬虫有哪几种类型？试阐述它们之间的联系和区别。

2. 试对图 12-9 的 HTML 源代码文档画一个节点树模型。

3. HttpClient、JSoup 和 OkHttp 都是编写爬虫的 Java 工具，它们各自的功能是什么？前两种工具和 OkHttp 相比，有何特点？试通过实验比较它们的优劣势。

4. 试用 Selenium WebDriver 编写一个动态 Web 爬虫，通过访问百度新闻网页确定 Xpath 路径，获得有关的文本并实现输出。

5. 试通过 CNKI 网站编写一个 Java Web 爬虫获得近三年"智慧城市"主题的 PDF 文献，并保存在本地。

6. 试运用 Java 开源爬虫框架 WebCollector 编写微信公众号爬虫程序。

7. 试运用八爪鱼实现微博近期某一热点主题的文本爬取并保存。

第 13 章

Chapter 13

机器学习与文本挖掘应用

本章主要内容：

- 机器学习应用流程；
- 面向机器学习的 Java 库；
- 利用 MALLET 进行文本挖掘。

上一章借助 Web 爬虫从互联网中获取了大量文本。如何利用这些文本服务于政府治理、舆情监测、公共安全监测、社交媒体信息处理、学术文本挖掘呢？机器学习算法可以做到这一点。机器学习是人工智能的一个分支，它在算法和数据的协助下，让计算机像人类一样学习和行动，针对给定的数据集，机器学习算法会学习数据的不同属性，并对以后可能遇到的数据属性进行推断。本章讲解机器学习的基础知识，包括常见概念、机器学习与数据科学的关系、机器学习应用流程等，并着眼于应用实践，介绍一些常用的机器学习 Java 类库或平台。在此基础上，以文本挖掘应用为例讲解 Java 创建并实现机器学习算法解决实际问题。

13.1 机器学习应用流程

相比于机器学习相关的理论与数学知识，本书侧重于关注如何将机器学习技术应用于具体 Java 实践。机器学习可以这样定义：对于某给定的任务 T，在合理的性能度量方案 P 的前提下，某计算机程序可以自主学习任务 T 的经验 E；随着提供合适、优质、大量的经验 E，该程序对于任务 T 的性能逐步提高。换言之，机器学习的关注对象涉及任务、经验和性能，即

任务：Task，T，一个或者多个；

经验：Experience，E；

性能：Performance，P。

随着任务的不断执行，经验的累积会带来计算机性能的提升。按照学习方法的不同可分为监督学习、无监督学习和强化学习三大类型。本书不关注强化学习，对此有兴趣的读者建议阅读该领域经典入门教材 *Reinforcement Learning：An Introduction Second*

Edition,中文版为《强化学习(第 2 版)》,作者为 Richard S.Sutton 和 Andrew G.Barto,由电子工业出版社于 2019 年出版。

机器学习与数据科学两个术语常被混淆,因为二者经常使用相同的方法。目前,国内外很多高校有数据科学专业。大多数计算机学院的数据科学专业核心课程包含统计学和机器学习两类课程。从中可以得到一个基本的共识是,数据科学综合运用统计学、计算机科学以及相关领域的各种方法,帮助人们从数据中获取有用的知识与信息。基于这一复合型的特质,有人将数据科学家描述为他们比软件工程师更懂统计学,比统计学家更懂软件工程,他们的主要工作包括数据的采集、清洗、分析、可视化和部署等。

相比数据科学作为近十年内兴起的概念,机器学习的概念要早得多。早在 1959 年,Arthur Samuel 给机器学习提出如下定义:“机器学习是指研究、设计与开发某些算法,让计算机获得学习的能力,而不需要明确的编程。”这一概念强调了机器学习作为算法的主体地位。伴随着机器学习算法的发展,越来越多的算法应用于实际需求中。今天要应用机器学习算法解决问题,往往是建立在程序设计语言类库或平台的基础上的。

标准机器学习应用流程为:数据与问题定义→数据收集→数据预处理→数据分析与建模→模型评价。

13.1.1 数据与问题定义

数据是由一系列测量值组成的,如数值、文字、测量值、观测值、事物描述、图像等。数据最常见的方式是用一组属性值-对命名。例如:

```
李明 = {
    height:192cm,
    sex:M,
    eyeColor:black,
    hobbies:climbing,running
}
```

李明拥有 height、sex、eyeColor、hobbies 四个属性,它们对应的值依次为 192cm、M、black、climbing、running。上面这组数据可以用表 13-1 表示。表格的列对应属性或特征,表格的行对应特定的数据样本或实例。

表 13-1 示例列表

姓　名	身高(cm)	性　别	眼球颜色	兴趣爱好
李明	192	M	black	climbing,running
林花	168	F	brown	reading
…	…	…	…	…

观察表 13-1 属性值的类型。这里身高是一个数值,性别是一个字符,眼球颜色是一个文本,兴趣爱好是一个列表。机器学习在很大程度上依赖于数据的统计属性,常用的 4

种测量尺度如下。

称名数据(nominal data)相互排斥，但不分顺序，如性别、眼球颜色、婚姻状况、汽车品牌等。

顺序数据(ordinal data)是数据顺序有意义的分类数据，但值之间没有区别，如疼痛程度、学习成绩字母等级、服务质量评级、IMDB 电影评分等。

等距数据(interval data)具有测量单位，但没有绝对零点，其取值之间的距离可用标准化的单位去度量，操作中不能参与乘除运算。如标准化后的考试分数、华氏温度等。

等比数据(ratio data)拥有等距变量的所有属性，并且还有明确的"0 点"定义。变量为 0 时，表示该变量代表的某种事物或特征不存在。身高、年龄、股票价格、每周伙食支出等都是等比数据。

不同测量类型的主要操作与统计特性如表 13-2 所示。

表 13-2　不同测量类型的主要操作与统计特性

特　　性	称　　名	顺　　序	等　　距	等　　比
频率分布	√	√	√	√
中位数和众数		√	√	√
值顺序已知		√	√	√
每个值之间的不同可以量化			√	√
值可以加减			√	√
值可以乘除				√
拥有真 0 点				√

此外，称名数据与顺序数据对应于离散值，而等距数据与等比数据还可以对应于连续值。在监督学习中，想要预测的属性值的测量尺度决定哪种机器算法可用。例如，从有限列表预测离散值称为"分类"，它可以使用决策树算法实现；而预测连续值称为"回归"，可以使用模型树算法实现。

13.1.2　数据收集

数据从何而来？在第 11、12 章中提到可以静态下载数据集或从互联网爬取，它是数据采集的一种。从科学研究的角度来看，数据获取大体可以分为观察或发现数据，或者通过调查、模拟、实验生成数据两类。

1. 发现或观察数据

互联网是最基本的数据源。在大数据时代，互联网数据获取和应用越来越普遍，机器学习方法最广泛的应用就是运用这类数据。例如，手机传感器数据、疫情数据、社交媒体数据等。获取互联网数据可以分为如下几种。

- 批量下载：从维基百科、科研数据库、IMDb 等网站获得。

- API 访问：从新浪微博、天气网、《纽约时报》、脸书、推特等访问获得。
- 网页抓取：从网页上抓取公开、非敏感、匿名数据是可行的。
- 传感器：移动设备中的惯性和位置传感器、环境传感器、软件代理关键性能监控指示器等。

2. 生成数据

通过调查总结生成数据。做调查设计时，需要尊重被调查对象，得到被调查者的知情同意后方可获取数据，这种方法是科学研究中获取数据最基本的方法，与人有关的各类信息经常采用这种方式。除调查外，科学研究中，通过模拟条件收集数据也是一种常用的方法，模拟适用于研究宏观现象与突现行为(emergent behavior)。例如，森林火灾和应急疏散数据，可以运用仿真软件来获得有关数据，开展应急处置研究。

13.1.3 数据预处理

数据预处理的目标是用最可行的方式为机器学习算法准备数据。它往往涉及填充缺失值、剔除异常值、数据转换、数据归约等。

(1) 填充缺失值。了解一个值缺失的原因至关重要，原因可能是随机误差、系统误差、传感器噪声等。一旦找到原因，就可以采用多种方法处理缺失值。

(2) 剔除异常值。异常值是指数据中与其他数值相比有较大差异的值，它们会对学习算法有不同程度的影响。通过置信区域检测并借助阈值剔除。最好的办法是先对数据进行可视化，然后检查可视化图形。值得注意的是，数据可视化仅适用于低维数据。

(3) 数据转换。数据转换技术将数据集转换为机器学习算法要求的格式，用作机器学习算法的输入。经过转换的数据有助于帮助算法学得更快，获得更好的性能。数据转换包括标准化、归一化和离散化。

以标准化为例，假设数据服从高斯分布，按照一定公式做值变换要求均值为 0，标准差为 1，可实现标准化。归一化是将属性值按比例缩放，使之落入一个小的特定区间，通常是[0,1]。许多机器学习工具箱自动对数据做归一化与标准化处理。

离散化用于将一个连续特征的范围切分为若干区间。常用的选取区间的方法如下。

- 等宽离散化：该方法将连续变量的值域划分成 k 个具有相同宽度的区间。
- 等频离散化：假设有 N 个实例，k 个区间中的每一个都包含大约 N/k 个实例。
- 最小熵离散化：该方法会递归地分割区间，直到区间分割引起的熵减大于熵增。

在以上 3 种方法中，前两种方法需要手工指定区间数量，而第三种则自动设置区间数量。但是后者需要分类变量，因此，它不能用于无监督学习任务。

(4) 数据归约。数据归约用于处理大量属性与实例，属性数对应于数据集的维度数。具有较低预测能力的维度不仅对整个模型的贡献率非常小，还会带来许多危害。为了解决大量属性问题，第一种处理方法是剔除这些属性，也就是说，只保留那些最看好的属性。这个过程称为**特征选取或属性选取**，往往采用 ReliefF、信息增益、基尼指数等方法，它们主要面向离散属性。另一个处理方法是将数据集从原始维度转换到低维空间，俗称**降维**，这种方法专注于连续属性。例如，假设有一组三维空间中的点，将其映射到二维空间，这个过程不免会丢失一些信息，但相对于原始情形，其效果可能更好。具体包含的方法有奇异值分解(SVD)、主成分分析(PCA)、神经网络自动编码器。

数据归约中存在的一个问题是数据包含太多实例。许多实例可能是重复的，或者来自一个非常频繁的数据流。解决这个问题的方法是从中选用实例子集，减少实例数量的技术包括随机数据采样、数据分层法等。

准备好数据后，接下来对数据进行分析和建模。

13.1.4　数据分析与建模

数据分析与建模一般由两个阶段构成。以机器学习中的分类为例，即训练分类器和对新实例做分类。第一阶段包括加载数据→预处理→特征提取→模型训练。具体而言，首先选取训练数据中的典型子集作为训练集，对缺失数据做预处理，提取特征；然后选取一个监督学习算法用于训练模型。第二阶段，先对数据实例作预处理，再提取特征，然后应用第一阶段训练好的模型得到实例标签。

如前所述，基本的机器学习类型包括无监督学习和监督学习两类。无监督学习是指，通过数据分析从没有标签的数据中发现隐藏的结构。由于数据不带有标签，所以我们无法通过误差测量对学习过的模型做评价。无监督学习算法的体现是聚类。聚类技术根据某种距离度量，将类似的实例归入相应的簇。距离测量有欧氏距离和非欧距离两类。

欧氏距离基于元素在空间中的位置，常用的两个距离度量为 L2 和 L1 范数距离：L2 范数也叫欧氏距离，L1 范数称为曼哈顿距离。非欧距离基于元素的属性，而非它们的空间位置。其中较著名的有杰卡德距离(Jaccard distance)、余弦距离(cosine distance)、编辑距离(edit distance)和汉明距离(Hamming distance)。

监督学习是给定一组学习样本，用一系列特征 X 进行描述，通过学习找到一个函数对目标变量 Y 进行预测。根据所处理的变量连续与否，监督学习包括分类和回归两种类型。

分类可以处理离散类，其目标是对目标变量中的互斥值之一进行预测。一个应用例子是做信用评估，最终预测结果是判断目标人物的信用是否可靠。最流行的算法有决策树、朴素贝叶斯分类器、支持向量机、神经网络和集成算法。

回归方法处理连续的目标变量，它与使用离散目标变量的方法不同。例如，预测未来几天的室外温度时，可以使用回归方法，而分类方法只能预测未来几天是否下雨。

传统的结构化数据和大数据在机器学习架构上有区别。结构化数据(如用户数据、交易数据)通常存储在本地关系数据库中，所有数据都能存储在内存中，并且可以使用机器学习库，如 Weka、Java-ML、MALLET 等做进一步处理。大数据(如社交网络、传感器数据、博客、文档等)通常存储在一个 NoSQL 数据库(MongoDB，Neo4j)或分布式文件系统(如 HDFS)中。如果要处理结构化数据，可以使用 Cassandra 或 HBase(建立在 Hadoop 上)等系统部署数据库功能。机器学习模型最终要使用 Mahout、Spark 库进行训练。有关机器学习库的介绍见 13.2 节。

13.1.5 泛化与评估

机器学习的基本问题是利用模型对数据进行拟合，一般将数据分为训练集和测试集，学习的目的不是对有限的训练集进行正确预测，而是能够对未曾在训练集中出现的样本（测试集）进行正确预测。模型对训练集和测试集的误差称为经验误差和泛化误差。模型对训练集以外样本的预测能力称为模型的泛化能力，追求泛化能力始终是机器学习的目标。

过拟合和欠拟合是导致模型泛化能力不高的两种常见原因，都是模型学习能力与数据复杂度之间失配的结果，如图 13-1 所示。过拟合往往能较好地学习训练集数据的性质，在测试集上的性能较差，欠拟合在训练集和测试集上的性能都较差。欠拟合主要表现为输出结果的高偏差，而过拟合主要表现为输出结果的高方差。

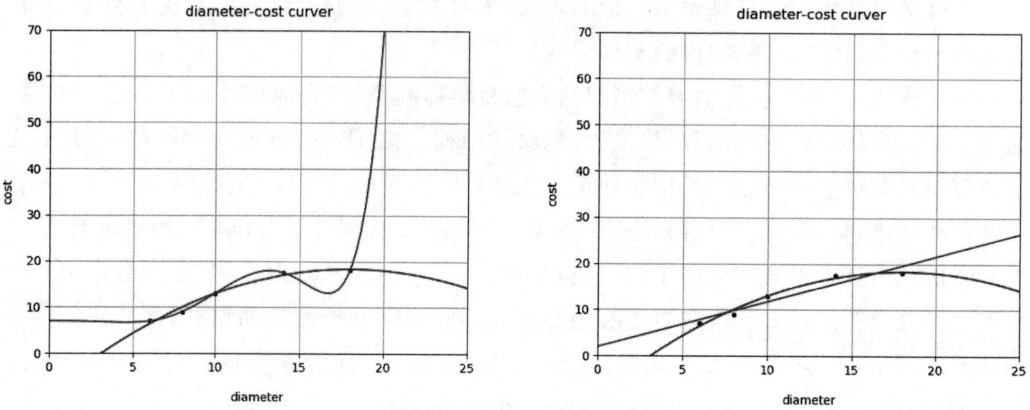

(a) 过拟合　　(b) 欠拟合

图 13-1　匹萨直径-价格中的过拟合与欠拟合示意图

当模型算法不能很好地预测新数据，一般情况下就需要判断该模型是过拟合还是欠拟合。如果过拟合，可获取更多的训练数据或者减少输入的特征数量；如果是欠拟合，则说明模型太简单了，需要增加模型复杂度。在操作上通过增加有价值的特征或者增加多项式特征，以实现重新解读并训练数据；此外，也可减少正则化参数、使用集成方法，将多个弱学习器集成，以此获取更好的预测能力等，集成方法包括 Boosting 方法、Bagging 方法、AdaBoost 方法、随机森林。

评估模型性能，常用方法是开展交叉验证数据集。实践中，很多时候直接把数据集分为训练集和测试集。一个更科学的方法是把数据集分成 3 份，除了训练数据集和测试集外，增加交叉验证数据集，推荐比例是 6 ∶ 2 ∶ 2，即 60% 作为训练集，其余对半分成两等份。

13.2　面向机器学习的 Java 工具

机器学习建模依托各种机器学习算法，许多著名算法均集成到各种开源软件中。开展机器学习应用重在熟悉并利用好机器学习开源工具。机器学习开源软件论坛 https://mloss.org/software/收集了各种机器学习开源工具，可按不同语言进行分类显示。该论坛显示，基于 Java 的开源机器学习项目超过 90 个。除此以外，可能还有很多项目未列出的项目在 Github、Sourceforge 等平台中。下面按照 3 种类型划分介绍机器学习的 Java 库。

13.2.1　环境库

提供用于执行机器学习任务的图形用户界面(Graphic User Interface，GUI)。这类工具往往提供了开发数据科学应用程序的 Java API，可适用于机器学习程序的开发。比较有影响的 Java 数据科学开发环境包括 Weka、RapidMiner、KNIME，它们分别来自新西兰高校、美国企业和欧洲公司。以上工具在性能上表现出通用性，内置各种机器学习算法，在实现方式上可以通过图形用户界面操作，无须像单一的 Java API 工具那样必须编写 Java 应用程序，降低了用户门槛。

Weka 是 Waikato Environment for Knowledge Analysis(怀卡托知识分析环境)的缩写。Weka 是新西兰怀卡托大学开发的机器学习平台，是目前最著名和最流行的 Java 机器学习开源库。Weka 是一个通用库，能完成数据准备、分类、回归、聚类、关联规则、深度学习等各种机器学习任务，其特色是拥有丰富的图形用户界面、命令行界面和 Java API。更多内容详见 https://www.cs.waikato.ac.nz/ml/weka/。

RapidMiner (快速矿工) 于 2001 年诞生于德国多特蒙德工业大学，最初被称为 YALE，2007 年更名为 RapidMiner，是一家总部位于美国马萨诸塞州的全球化公司，该企业提供 RapidMiner Studio、RapidMiner Server、Radoop 下载，分别对应工作室版、服务器版和大数据版。工作室版是核心，包含一个可零编程操作的数据分析图形化开发环境，可实现完整的建模步骤，从数据加载、汇集、到转化和准备阶段(ETL)，再到数据分析、可视化和产生预测。RapidMiner Server 可以在局域网服务器或外网连接的服务器上，与 RapidMiner Studio 无缝集成。Radoop 是一个与 Hadoop 集群相连接的扩展，支持大数据应用。作为核心工具，只需下载 RapidMiner Studio 即可，包含图形用户界面和 Java API 可供使用，其图形用户界面如图 13-2 所示。

KNIME：由德国康斯坦茨大学基于 Eclipse 开发的数据分析工具，可以扩展使用 Weka 中的挖掘算法。起初开发重点是药物研究，但随着发展已经扩展到一般的商业智能，它提供了基于 Eclipse 的图形用户界面和 Java API 两种应用方式。KNIME 的主要工具是 KNIME Analytics Platform 和 KNIME Server，前者属于数据分析的核心功能，可免费使用；后者提供了 workflow 协作、自动化执行、自动化管理、自动化部署、引导式分析

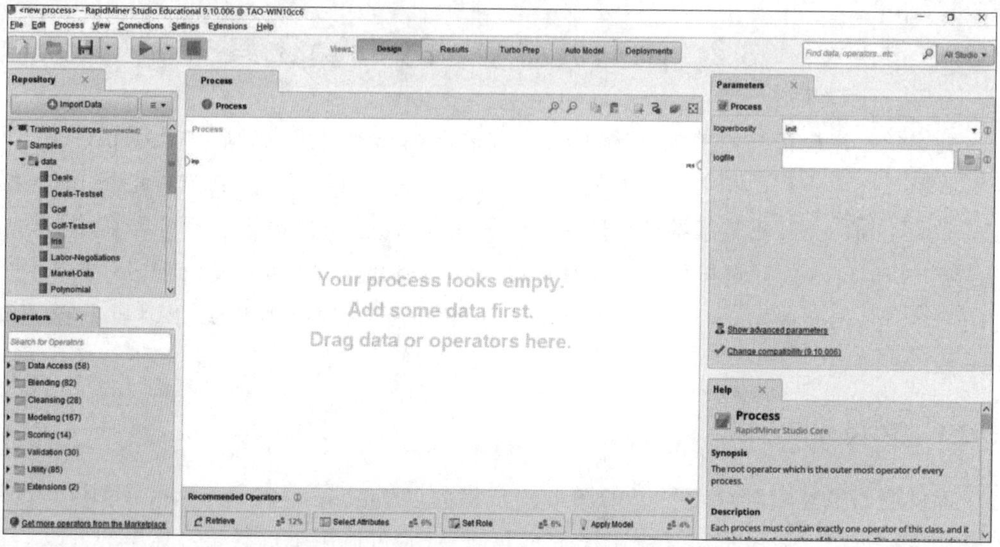

图 13-2　RapidMiner Studio 图形用户界面

等一系列强大功能，这部分需要收费。

13.2.2　大数据平台

大数据通常存储在 NoSQL 数据库，如 MongoDB，或者分布式文件系统(如 HDFS)中。如果处理结构化数据，可使用 Cassandra 或 HBase 等系统部署数据库的性能。数据处理遵循 MapReduce 范式，会把数据处理问题划分成更小的子问题，并把任务分配到各处理节点，体现分布式或计算机集群开发应用的特点。机器学习模型最终要使用 Mahout、Spark MLlib 等机器学习库进行训练。

Mahout (Hadoop)：Apache Mahout 提供了机器学习算法的实现，用于 Apache Hadoop 平台(分布式 map-reduce)。该项目侧重于聚类和分类算法，一个流行的应用程序驱动实现是它在推荐器系统的协同过滤中的使用，还包括在单个节点上运行的算法的参考实现。

MLlib(Spark)：Apache Spark™(见图 13-3)是一个多语言引擎，用于在单机或计算机集群上执行数据工程、数据科学和机器学习，机器学习库 MLlib 是它多个库中的一个库，MLlib 提供了在 Apache Spark 平台(HDFS，但不是 map-reduce)上使用的机器学习算法实现，MLlib 库支持 Java，Scala 和 Python 绑定。获得 MLlib 库可直接下载 Apache Spark，最新版本为 3.2.1。

图 13-3　Spark

MOA(大规模在线分析)是新西兰怀卡托大学为数据流挖掘设计的开源平台。像 Weka 一样，它提供了 GUI，命令行界面和 Java API，MOA 专注于分类和支持异常值检测等。有关信息可访问 https://moa.cms.waikato.ac.nz/。

SAMOA(Scalable Advanced Massive Online Analysis,萨摩亚)是一个用于挖掘大数据分布式流的开源机器学习框架,提供了最常见的数据挖掘和机器学习任务(如分类、聚类和回归),允许它在多个分布式流处理引擎上运行,例如 Storm、Apache S4 和 Samza,可以通过 github 网站下载 Java API。

13.2.3　机器学习库

Java 机器学习库即 Java 机器学习 API,与图形用户界面已经实现相关程序不同,依托 Java 机器学习 API 需要自主编写相关程序代码,其灵活性更强,但要求更高。按照功能来划分,可以分为通用库和面向特定领域的库两种类型。通用库方面有 Java-ML、JSAT 等;面向特定领域的库包括自然语言处理、深度学习、计算机视觉等不同领域。

自然语言处理领域包括 OpenNLP、LingPipe、GATE 和 MALLET,深度学习领域包括 Deeplearning4j 和 Encog。大数据时代,处理和分析文本数据需要自然语言处理工具包的支持,相关领域工具颇受关注;与此同时,近年来人工智能技术得到快速发展,有关神经网络和深度学习工具包被大量应用于解决社会科学问题。下面介绍这两个特定领域的常用 Java 工具包。

MALLET(MAchine Learning for LanguagE Toolkit)是一个基于 Java 的机器学习语言工具包,该包支持编写统计自然语言处理、文本分类、聚类分析、主题建模、信息提取和其他机器学习应用程序应用于文本处理,如图 13-4 所示。

MALLET
machine learning for language toolkit

图 13-4　MALLET

OpenNLP：Apache OpenNLP 是一个用于处理自然语言文本的工具包。它为 NLP 任务(如标记化、分割和实体提取)提供了方法。

NLPIR：NLPIR 是由北京理工大学张华平博士领衔开发的大数据分析平台,包括文本采集、文档转换、中文分词、文本分类与聚类、情感分析、智能过滤、文档去重、编码转换等众多功能,最新的 NLPIR SDK 包含 20 余种包,支持 Java、C++、C 等主流开发语言,NLPIR 影响较广的是 NLPIR-ICTCLAS 分词包,该工具包起源于中科院计算技术研究所,是国内最早、影响最广的中文分词工具。

LingPipe：LingPipe 是一个用于计算语言学的工具包,包括主题分类、实体提取、聚类和情感分析的方法。

Encog：Encog 是一个机器学习库,提供 SVM、经典神经网络、遗传编程、贝叶斯网络、HMM 和遗传算法等算法。

Deeplearning4j：用 Java 编写的商业级深度学习库,其与 Hadoop 兼容,并提供包括受限玻尔兹曼机、深度信念网络和堆叠去噪自动编码器在内的算法。

13.3 利用 MALLET 进行文本挖掘

文本挖掘也叫作文本分析，指的是从文本文档自动提取高质量信息的过程。这些文本文档大部分是使用自然语言写成的，高质量信息是那些紧密相关、新颖又有趣的信息。

典型的文本分析应用是扫描一组文档产生搜索索引，文本挖掘可以应用到其他许多领域，包括基于主题模型的文本识别、文本分类、文本聚类、情感分析、从文档中识别各类实体对象实现概念/实体提取、自动给出一批源文档中最重要的观点实现文档摘要等。文本挖掘内容丰富，本节选取主题模型这一代表性应用作为介绍。

13.3.1 主题模型

主题模型是一种无监督技术，对于分析大型未标记文本集合非常有用。如果需要分析一批公文信息，希望了解该公文主题包含的内容，但又不想亲自阅读每个公文文档，这时主题模型就很有用。文本文档可以是政策文件、推文、图书章节、电子邮件、在线评论、日记等。主题模型在文本语料库中寻找模式，更准确地说，它采用一种有统计意义的方式识别主题，并组成单词表。最有名的算法是隐含狄利克雷分布（Latent Dirichlet Allocation，LDA），它假设作者从可能的单词篮中选择单词并组成一段文字，每个篮子对应一个主题。借助这个假设，这个算法可以从数学上把文本拆解到相应篮子，这些篮子是拆解后的单词最有可能的来源。然后算法不断迭代这个过程，直到它将所有词分配到最有可能的篮子，这些篮子叫作“主题”。

例如，如果针对大数据领域国务院及其所属部门发布政策使用主题模型，算法将返回一系列主题以及最有可能组成这些主题的主题词，如表 13-3 所示。

表 13-3 大数据政策主题及主题词

主 题	政策主题词
Topic0	公司、投资、规定、管理、基金、证券、销售、投资人
Topic1	大数据、试点、资源、建立、创新、加强、建设、体系
Topic2	建设、智慧城市、平台、试点、时空、地理信息、测绘、数字
Topic3	生态环境、数据、环境、项目、环保、应用、共享、平台

通过浏览主题词，能够知道这些大数据政策与金融投资、大数据试点、智慧城市建设和生态环保有关。

13.3.2 MALLET 安装

MALLET 主题建模库包含隐含狄利克雷分布、弹球机分配和分层 LDA 的高效实现。进入 UMass Amherst University 网站（http://mallet.cs.umass.edu/download.php）

下载 MALLET。转到 Download 页面，选择最新稳定版本 2.0.8 下载。请下载 zip 文件后解压缩，找到名为 dist 的文件夹，获得 mallet.jar 和 mallet-deps.jar 两个 JAR 文件，将这两个包导入 Eclipse 项目。

在 Eclipse 中选择 Project→Properties→Java Build Path 命令。在 Libraries 选项卡中，单击 Add External JARs 按钮，然后加入两个文件，并进行确认，如图 13-5 所示。

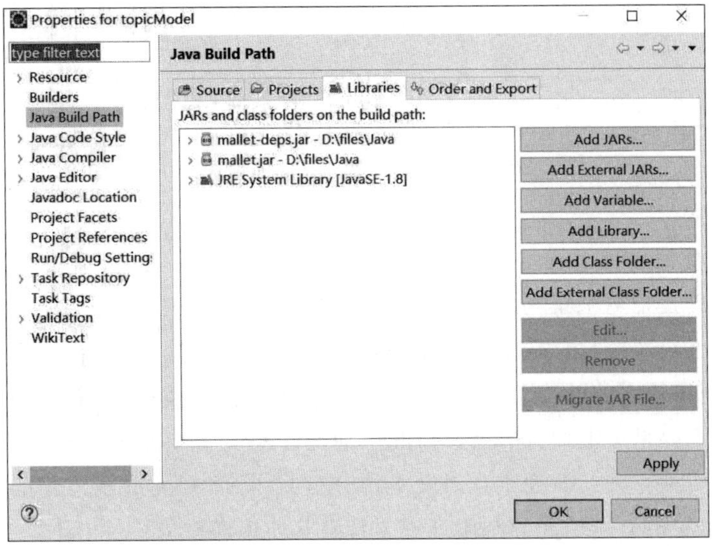

图 13-5　将 JAR 文件导入 Eclipse

此外，在 github 平台访问 https://mimno.github.io/Mallet/index 页面，也可以下载 MALLET，链接见图 13-6 左下角。

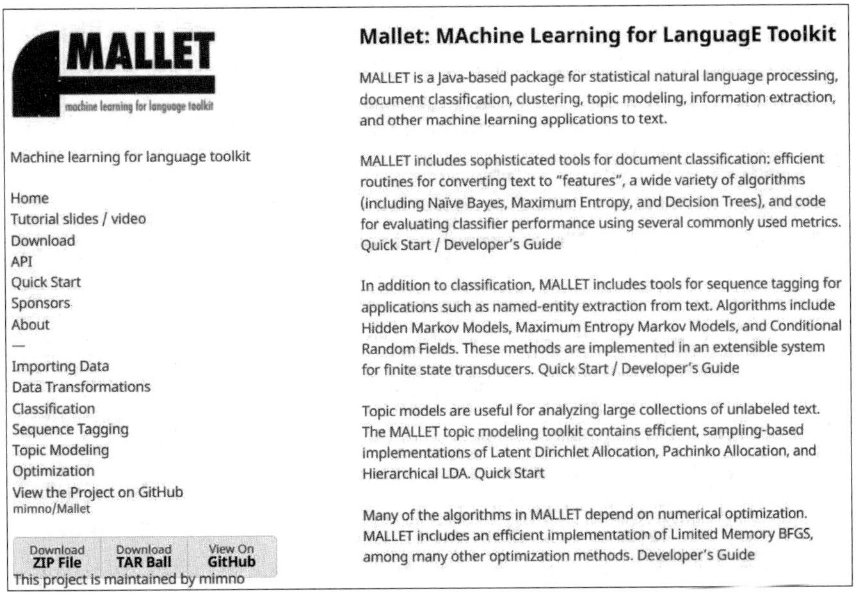

图 13-6　MALLET 主页

13.3.3 文本预处理

文本挖掘的主要挑战之一是将没有结构的自然语言转换为结构化的基于属性的实例,这是自然语言处理的重要工作。文本挖掘的一般处理过程如图 13-7 所示。

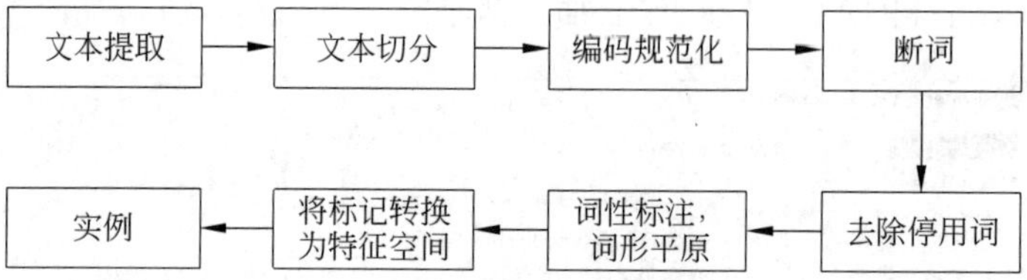

图 13-7 文本挖掘的一般处理过程

1. 结构化处理原理

结构化处理是指对采集到的文本数据在分析之前进行处理,使之成为结构化信息,就样就可以利用已经研究得比较透彻的结构化方法来分析挖掘,结构化处理包括超链接的提取或过滤、网络语言的替换、词汇切分、命名实体识别、词性标注、新词识别等。中文文本的信息处理主要是词汇切分、词性标注等,而对于英文主要是词形规范化,包含词形还原和词干提取两种方式。下面重点对文本切分、词性标注和词形规范化的原理做简要介绍。然后,介绍实现上述功能的常用开源工具及其使用操作。

(1) 文本切分。中英文在词汇表示上有明显差异。英文往往一个单词就是词汇,而中文多个字构成一个词。因此,在文本切分环节,中文比英文复杂得多。中文文本中词与词之间没有明确的分割标记,而是以连续字符串形式呈现。所以,任何中文自然语言处理任务都必须解决中文分词。中文分词是通过某种方法或方法的组合,将输入的中文文本基于某种需求并按照特定的规范划分为"词"的过程。词是理解句子的基础,基本的分词工作是切分出每个词汇,但是词对应的属性,如词性、语义选项等与词汇关系密切,也需关注。同时分词过程中可能存在歧义,解决歧义问题也是其中关注的。将句子切分成一个个具体的词,其基本过程如下:

开始→句子切分成短句→短句切分成词汇→歧义识别与消歧→结束

值得注意的是,大数据下的文本相对复杂多元,文本中可能包含大量非中文字符,如中英混合文本、繁体简体混合、包括 HTML 语言文本等。故在文档预处理阶段要进行字符编码的转换处理,以此更好地提高分词算法性能。

在方法实现上,中文分词经历了机械分词和统计分词两个阶段,前者包括词典匹配法和规则匹配法,后者包括传统机器学习算法和深度学习算法两条路径(唐琳等,2020)。图 13-8 勾勒了基于深度学习的中文分词流程。

(2) 词性标注。词性是用来描述一个词在上下文中的作用,词性标注就是根据句子上下文中的信息给句子中每个词一个正确的词性标记,即要确定每个词是名词、动词、形容词或其他词性。词性标注是文本处理的重要基础。例如,在信息检索中,能够利用词性

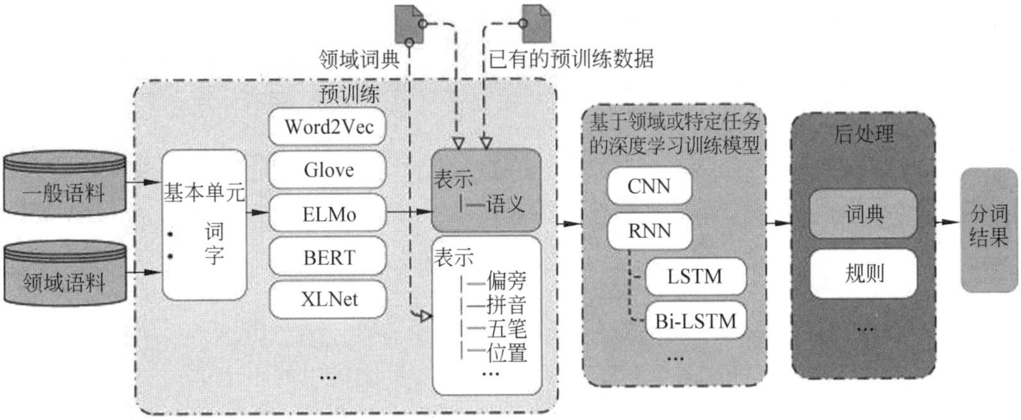

图 13-8 基于深度学习的中文分词流程

标注实现词义消歧、减少模糊查询，在突发事件网络舆情分析中，名词、动词、形容词等实词所起到的作用更大，是开展分析的重点。

目前进行词性标注的方法有基于规则和基于统计的方法，规则的方法是先利用词典对语料进行基本切分和标注，列出所有可能的词性，然后根据上下文信息，结合规则库排除不合理的词性。基于规则的方法比较传统，随着海量数据的统计不是难事，基于统计的方法逐渐超越前者，成为发展的主流。基于统计的方法根据统计模型的不同有多种实现途径。常用统计模型有 N-gram 模型、隐马尔科夫模型(Hidden Markov Model，HMM)、深度学习模型等。

(3) 词形规范化。这主要是针对英文而言。英文单词一般由词根、前缀和后缀 3 部分构成。词根决定单词意思；前缀改变单词词义；后缀改变单词词性。词形规范化是将一个词的不同形式统一为一种具有代表性的标准形式，本质上是将词简化或归并为基础形式。词形还原是把一个任何形式的语言词汇还原成一般形式，如 better 还原成 good，did 还原成 do。词干提取是抽取词的词干或词根形式，不要求一定能表达完整语义。例如，reading 抽取出 read；electricity 抽取出 electr。从以上比较可以看出，词形还原主要采用"转化"，而词干则采用"缩减"。二者提出的方法均包括规则法、词典法、统计法。词形还原在文本挖掘中更重要，属于数据预处理的基本操作，词典法是词形还原的主流方法。

(4) 结构化处理开源工具。目前常用的 Java 开源工具有 NLPIR 和 Standford CoreNLP。前者是由原中国科学院计算技术研究所王群团队研发的汉语词法分析系统 ICTCLAS，后来发展演变为 NLPIR。后者是由斯坦福大学自然语言处理团队编写的基于 Java 语言的工具包，能够完成分词、词性标注、词形还原、命名实体识别、情感分析等任务。

除了 Java 工具以外，掌握了 Python 语言的读者也可以采用结巴分词和 NTLK 工具包实现上述功能，它们在自然语言处理方面十分强大，受到市场的广泛欢迎。

2. 将标记转换为特征空间

结合图 13-7,倒数第二步是"将标记转换为特征空间",也就是文档向量化。通常,特征空间是用一个词袋(Bag of Words,BoW)表示。出现在数据集中的所有单词组都会被创建,即词袋。每个文档表示一个向量,记录某个特定单词在文档中出现的次数。请看以下两个句子:

- Gu likes skiing.Su likes skiing too.
- Gu also likes traveling.

在这个例子中,词袋为{Gu,likes,skiing,Su,too,also,traveling},包含 7 个不同单词。下面使用列表索引将这两个句子表示为向量,表示文档中的一个单词在特定索引位置出现的次数,如下:

- [1,2,2,1,1,0,0];
- [1,1,0,0,0,1,1]。

最后,将上述向量变为实例,以便进一步学习。在上述表示中,另一种基于 Bow 模型的表示方法 Word2Vec 也非常强大,近年来受到广泛欢迎,许多文献在相关研究中引入其提升效果。

3. 导入数据操作

加载数据有从目录导入和文件导入两种方法。前者是假定每个文档存储在各自的 txt 文件中,后者是所有文档都存在一个文件中,每行就是一个文档。

(1) 从目录导入。MALLET 提供了 cc.mallet.pipe.iterator.FileIterator 类,支持从路径读取文件。文件迭代器带有如下 3 个参数。

- 包含文本文件的 File[]目录列表。
- 文件过滤器,用于指定选择目录中的哪些文件。
- 要应用到文件名的模式,用于产生一个类标签。

初始化 iterator,代码如下:

```
FileIterator iterator = new FileIterator(new File("数据集存放路径"))
new TxtFilter(),FileIterator.LAST_DIRECTORY);
```

第一个参数指定根文件夹路径,第二个参数将迭代器限制在 txt 文件上,最后一个参数让方法将路径中的最后目录名用作类标签。

(2) 从文件导入。目录导入使用 cc. mallet. pipe. iterator. CsvIterator. CsvIterator (Reader,Pattern,int,int,int),它假定所有文档位于一个文件,每行返回一个实例,通过一个正则表达式进行提取。初始化这个类时,需要提供如下参数。

- Reader: 这个对象指定如何从文件读取数据。
- Pattern: 正则表达式,提取 3 个组: 数据、目标标签和文档名。
- int,int,int: 这些是数据、目标、名称组的索引,它们出现在上面的正则表达式中。

使用如下正则表达式,将文档每一行解析成 3 个组:

```
^(\\S*)[\\s,]*(\\S*)[\\s,]*(.*)$
```

迭代器初始化如下：

```
CsvIterator iterator = new CsvIterator(fileReader,Pattern.compile("^(\\S*)[\
\s,]*(\\S*)[\\s,]*(.*)$"),3,2,1);
```

在上面的代码中，正则表达式用于提取 3 个组，采用空格分隔，它们的顺序为 3、2、1。下面进入数据预处理环节。

4. 数据预处理操作

对遍历数据的迭代器做好初始化后，需对数据做一系列变换，MALLET 提供了相应的处理流程，相关方法和步骤可以在 cc.mallet.pipe 包中找到。具体可参见链接：https://mallet.cs.umass.edu/api/cc/mallet/pipe/package-summary.html。

接下来，创建用于导入数据的类。

首先，创建一个管道(pipeline)，每个处理步骤对应于 MALLET 中的一个管道。可以用串行方式把管理连接起来，形成 ArrayList<Pipe>对象列表。

```
ArrayList<Pipe> pipeList = new ArrayList<Pipe>();
```

先从一个文件对象读取数据，将所有字符转换成小写：

```
pipeList.add(new Input2CharSequence("UTF-8"));
pipeList.add(new CharSequenceLowercase());
```

接下来，使用正则表达式对原始字符串进行标记化。下面的模式包括 Unicode 字母、数字以及下画线。

```
Pattern tokenPattern =Pattern.compile("[\\p{L}\\p{N}_]+");
pipeList.add(new CharSequence2TokenSequence(tokenPattern));
```

使用停用词表去除停用词，即那些不具预测能力的高频词。其他两个参数分别指定移走停用词时是否区分大小写，以及删除单词后是否标记。将这两个参数全部设置为 false，代码如下。

```
pipeList.add(new TokenSequenceRemoveStopwords(false,false));
```

无须保存实际单词，而是将它们变成整数，表示单词在词袋中的索引。

```
pipeList.add(new TokenSequence2FeatureSequence());
```

对于类标签做同样处理，即不用标签字符串而使用一个整数，指示标签在词袋中的位置。

```
pipeList.add(new Target2Label());
```

可以通过调用 PrintInputAndTarget()方法打印特征与标签。

```
pipeList.add(new PrintInputAndTarget());
```

最后,将管道列表存储到 SerialPipes 类,这个类通过一系列管道转换实例。

```
SerialPipes pipeline = new SerialPipes(pipeList);
```

下面,通过一个实例介绍如何将以上内容应用到文本挖掘中。

13.3.4 应用主题模型分析政策文本

1. 政策文本数据集:政府工作报告

国务院政府工作报告是一类具有施政纲领性质的政策性文本。作为我国最高级别的报告文件,其中所涉及的政府工作目标及对应的实施方案,是我国政府每年工作的行动纲领和行动意识的公开承诺,是我国政府配置资源与行动的指挥棒。对其进行主题文本挖掘可以探索国家的施政重点和未来走向,对更长时间的政府工作报告进行分析则有利于发现社会变迁的模式。本数据集来源于中国日报网李克强总理 2021 年所做的政府工作报告的英文版。本题的实例重在讲解如何应用 MALLET 软件实现文本挖掘。

2. 数据分析建模

首先,导入数据集,并对文本做处理。这里将数据集放入 D 盘根目录,文件名为 Tasks14th5Year.txt;随后创建默认管道,初始化文件。

```
import java.io.File;
import java.io.FileInputStream;
import java.io.InputStreamReader;
import java.io.Reader;
import java.io.UnsupportedEncodingException;
import java.util.ArrayList;
import java.util.regex.Pattern;

import cc.mallet.pipe.CharSequence2TokenSequence;
import cc.mallet.pipe.CharSequenceLowercase;
import cc.mallet.pipe.Pipe;
import cc.mallet.pipe.SerialPipes;
import cc.mallet.pipe.TokenSequence2FeatureSequence;
import cc.mallet.pipe.TokenSequenceRemoveStopwords;
import cc.mallet.pipe.iterator.CsvIterator;
import cc.mallet.topics.ParallelTopicModel;
import cc.mallet.types.InstanceList;

public class App13_1 {
    public static void main(String[] args) throws Exception{
    //创建默认管道
        ArrayList<Pipe> pipeList = new ArrayList<Pipe>();
```

```
        pipeList.add(new CharSequenceLowercase());
        pipeList.add(new CharSequence2TokenSequence(Pattern.compile("[\\p{L}
\\p{N}_]+")));
        pipeList.add(new TokenSequenceRemoveStopwords(new File("stoplists/
en.txt"),"UTF-8",false,false,false));
        pipeList.add(new TokenSequence2FeatureSequence());
    SerialPipes pipeline = new SerialPipes(pipeList);
    //初始化得到 fileReader 对象
    Reader fileReader = new InputStreamReader(new FileInputStream(new File("
D://Tasks14th5Year.txt")),"UTF-8");
    CsvIterator iterator = new CsvIterator(fileReader,Pattern.compile("^(\\S
*)[\\s,]*(\\S*)[\\s,]*(.*)$"),3,2,1);
    //新建实例列表,将想用于处理文本的管道传递给它
    InstanceList instances = new InstanceList(pipeline);
    //最后,处理迭代器给出的每个实例
    instances.addThruPipe(iterator);
```

下面实现 LDA 模型，对 ParallelTopicModel 类进行实例化时，有 alpha 和 beta 参数，基本含义如下。

(1) 高 alpha 值表示每个文档可能混有多个主题，不特指某一个主题；低 alpha 值使文档较少受这些条件的约束，即文档可能混几个主题，也可能只有一个主题。

(2) 高 beta 值表示每个主题可能混合很多单词，不是特定某个单词；低 beta 值表示主题只混合几个单词。

本实例中，由于政府工作报告涉及经济社会发展的许多方面，所以混有多个主题，故 alpha 值可以设置高一点，而将 beta 值设置得低一些。

```
int numTopics = 10;                                        //设置主题数为 10
ParallelTopicModel model = new ParallelTopicModel(numTopics,5.0,0.01);
```

接下来，将实例添加到模型。由于使用的是并行实现，这里要指定执行的线程数。代码如下：

```
model.addInstances(instances);
model.setNumThreads(4);                                    //设置 4 个线程
```

按照选定的迭代次数运行模型。每次迭代都是为了更好地评估内部 LDA 参数。测试时，可以指定较少的迭代次数，如 50 次；而在实际应用中，通常迭代测试设置为 1000 或 2000 次。最后，调用 void estimate()方法，实际创建一个 LDA 模型。

```
    model.setNumIterations(1000);                          //迭代 1000 次
    model.estimate();                                      //输出模型估计结果
    }
}
```

输出结果如下：

```
0    0.18469    year 14th plan development economic draft social
1    0.1507    improve wellbeing competition pursue stability national world
2    0.72132    development china high quality economic market promote
3    0.06844    digital year develop traditional action plan society
4    0.09508    people urban areas million set rural poverty
5    0.16161    public improve system carry capacity raise services
6    0.09532    river area yangtze coordinated promote regional manner
7    0.0764    ensure tons nature urbanization revitalization strategy heart
8    0.13816    domestic circulation demand production china unit consumption
9    0.08169    china years sector disabilities security reform made

[beta: 0.2728]
<1000> LL/token: -7.23159

Total time: 47 seconds
```

说明：LL/token 指模型的对数相似度除以标记总数，表示数据与给定模型的相似程度，该值越大，表示模型品质越高。

输出也显示了描述每个主题的热门词汇，这些词汇体现了不同的主题聚类特征。值得说明的是，本主题模型为了简化演示起见，只使用了一个语料。实际应用中，主题模型算法相对适合分析上百乃至几千份的大规模语料，其效果更加明显。

在分类和聚类任务主题下，往往还有评估模型和重用模型。LDA 模型是 2003 年提出来的，经过多年的发展，原有的模型存在一些弊端，为了克服既有弊端，其模型往往需要进一步优化，优化 LDA 模型包括引入 TF-IDF 方法等。

13.4 进一步学习机器学习

数据分析内容十分广阔，除机器学习主题外，还有应用统计、复杂系统仿真、文献计量、信息可视化、社会网络分析等。正因此，数据分析相关的主题书籍十分庞杂，本书重在介绍 Java 语言程序设计，同时将数据分析视为 Java 语言的一个落地应用，试图将基于机器学习算法的数据分析方法与新文科相结合，促进社会科学，特别是管理学领域的数据分析研究实践。

本章围绕机器学习应用对数据分析基础知识进行了介绍，并以开源 Java 工具 MALLET 为例学习了文本挖掘应用。与很多机器学习相关教材包含大量公式不同，本书在介绍机器学习的过程中主要关注应用流程、开源工具和实践应用，淡化了算法和数学公式，提升了可读性和操作性。

人工智能、区块链、云计算、大数据、物联网五项技术正成为计算机和互联网的核心动力。在深度学习和大数据成为当前学界和社会热点背景下，越来越多的社会科学论文中融入了深度学习和大数据有关算法作为数据分析的工具。显然，这些内容是当下发展的前沿。限于主题篇幅，本书并未对机器学习的监督学习、无监督学习和深度学习主要算法模块和应用展开介绍，感兴趣的读者可以阅读《数据挖掘：实用机器学习工具与技术(原书第4版)》(作者威腾，机械工业出版社于2018年3月出版)和《Python 机器学习(第3版)》(作者拉施卡等，机械工业出版社于2021年6月出版)。前者侧重于采用Java语言、以Weka为工具讲解机器学习，后者则以Python为工具展开。

以上两本读物兼具新颖性、信息量和应用实践性，是领域公认的经典读物。Python语言十分易于上手，对于掌握Java语言的同学来说，Java语法体系比Python更加规范完整，由Java转向Python，本质是由难到易的过程，通过了解Python机器学习工具，也有助于更好地实践和应用Java语言机器学习库，二者形成互补。

本章习题

1. 什么是机器学习？开展机器学习应用包含哪些流程？

2. 机器学习库有哪些类型？试对相关类型各举一例给予说明。

3. 中文分词在文本挖掘一般流程中隶属于(　　)环节。

A. 文本预处理　　B. 数据建模　　C. 模型评估　　D. 重用模型

4. 以下属于Java自然语言处理库的是(　　)。

A. Weka　　B. Spark

C. Stanford CoreNLP　　D. Java-ML

5. 深度学习在文本信息处理中发挥了重要作用。试查阅有关资料了解深度学习在文本信息处理中是如何作用的。

6. 试运用MALLET对《中华人民共和国国民经济和社会发展第十四个五年规划和2035年远景目标纲要》汉语文本作主题建模，得出8个主题。

7. 试在网站 http://mlg.ucd.ie/datasets/bbc.html 下载BBC数据集。该数据集包含2225个文档，全部来自BBC新闻网站，时间跨度为2004—2005年，可划分为5个主题：商业、环境、政治、体育、技术。试运用MALLET创建一个分类器，用它为未分类的文档指定一个标题。

8. 国务院政府工作报告作为国内最具权威、最规范的综合政策性文件，涉及了国家政治、经济、文化、社会、生态等方方面面的内容，既对历史进行了深刻的总结，又给未来的发展指明了方向。试对近十年政府工作报告中的频繁词、热词和新词进行刻画，试通过主题关键词揭示社会发展的变迁过程。

术 语 表

数据科学：是建立在统计学和计算机科学基础上的一个新兴概念，目前已经由课程发展到专业。数据科学专业大多是硕士专业，其核心课程一般由数理统计知识、机器学习与可视化知识、领域应用知识三大模块组成。我国近年也有开设同名硕士专业，其本科相关专业包括数据科学与大数据技术、大数据管理与应用等。

数据分析：有广义、中观和微观之分。广义数据分析包含数据可视化、应用统计学、机器学习、社会网络分析、复杂系统仿真等众多庞杂内容；中观数据分析隶属于数据可视化、统计学和机器学习相关联的内容，即数据科学；狭义数据分析则单指建立在机器学习算法或统计学单一知识体系基础上的各类分析活动。

程序：是指一系列指令，告诉计算机如何执行一个计算，包含操作系统程序和应用程序两大类型。

指令：表示程序语句，其格式因不同的编程语言而有所不同，多数语言包括输入、输出、函数运算等基本操作。

自然语言：人类所说的所有语言，它是相对于形式语言而言的，人类为了特殊用途而设计的语言，如数学符号和计算机程序等。

编程语言：用于程序设计中所使用的语言，包括高级语言和低级语言，前者是指便于人类阅读和编写的编程语言，如 Java；后者是便于计算机运行的语言，也叫作机器语言或汇编语言。

方法：多条语句的一个命名集合。

库：类定义和方法定义的一个集合。

可移植性：程序能够在多种计算机上运行的能力。

源代码：由高级语言编写的，并且未经编译的程序。

目标代码：编译器通过编译源代码所生成的输出。

可执行程序：能够运行的目标代码的另一个名称。

字节码：由编译 Java 程序所生成的一种特殊目标代码。字节码与低级语言很相似，但又像高级语言一样是可移植的。

漏洞(bug)：程序中隐藏的一个错误。

语法错误：程序中导致解析失败进而编译失败的一种错误。

异常(exception)：导致程序运行时失败的错误，Java 程序设计中定义的错误重在此类。

逻辑错误：导致程序不能按照开发者的预期运行的错误。

调试(debugging)：查找并排除语法错误、逻辑错误和异常的过程。

集成开发环境(Integrated Development Environment，IDE)：是用于提供程序开发环境的应用程序。一般包括代码编辑器、编译器、调试器和图形用户界面等工具，集成了代码编写功能、分析功能、编译功能、调试功能等一体化的开发软件服务功能。常用的 Java 语言集成开发环境有 Eclipse、IDEA、Netbeans。

变量：用于存储数值的已命名的存储地址。所有变量都有类型在创建变量时进行声明。数值：可以保存在变量中的数字或字符串，所有的数值都有类型。

数据类型：一组数值的结合。变量的数据类型决定了变量可以存储什么类型的数值。

浮点数：既可以表示分数，又可以表示整数的一种变量类型。

关键字：Java 中的保留的单词用于编译器解析程序。不能使用像 public、class 这样的关键字作为变量的名字。

标识符：用来表示变量名、类名、方法名、数组名和文件名的有效字符序列。

声明：创建新变量的语句，同时指定该变量的类型。

赋值：为变量指定存储数值的语句。

初始化：声明新变量的同时为其赋值的语句。

表达式：变量、运算符和数值的组合，计算结果为一个值。

运算符：表示某个计算过程的符号。

操作数：运算符的作用对象。

拼接运算：通过“+”运算符实现，将该运算符两侧的操作数首尾拼接在一起，操作数既可以是字符串，也可以是变量。

类型转换：将一种类型转换成另一种类型的操作符。Java 语言中通过类型名包含于小括号来表示，如(int)。

类：若干方法的命名集合。

方法：具有一定功能的命名语句。方法可以有参数，也可以没有；可以有返回值，也可以没有返回值。

形参(parameter)：在方法定义时需要的数据信息。形参是变量，包括数据和对应的类型。

实参(argument)：在调用方法时传入方法的参数，这些参数类型必须和对应的形参保持一致。

方法调用(invoke)：执行一个方法。

模运算符：操作数为整数的二目运算符，用百分号(%)表示，结果为两个操作数相除所得的余数。

条件语句：依据某个条件来决定执行或者不执行的语句块。

条件运算符：运算符的一种，对两个操作数进行比较运算后结果为一个布尔型值。

布尔型：一种变量类型，只包含两个值，true 和 false。

条件链：将多个条件语句顺序地组合在一起。

嵌套条件：将一个条件语句放到另一个条件语句的分支中。

标志(flag)：用来记录条件或者状态信息的变量，通常用布尔型表示。

逻辑运算符：运算符的一种，对多个布尔值进行组合，结果也为布尔值。

循环：当某个条件满足时，反复执行某些语句。

循环语句：不同语法实现的循环机制。常用的循环语句类型有 while、do…while、for 等。

无限循环：如果循环条件始终满足，该循环便称为无限循环。

循环体：循环内部的语句。

循环迭代：对循环体的一次执行，包含条件判断语句。

封装：将较大的复杂程序拆分成不同的模块，比如方法或者类。这些模块之间相互独立。

局部变量：在方法内部声明的变量，局部变量只存在于方法中，并且在方法外不能访问。

泛化：将一些不必要的特殊值(如常量)用更普遍的值(如变量或者参数)代替的过程，以提高程序的可重用性，有时还可以使程序更易阅读。

算法：通过一个机械式过程来解决一类问题的一套指令规则。

索引(index)：用于在有序集合中选择某个成员的一个变量值或数值。

遍历：对集合中每一个元素依次执行相似的操作。

自增运算：++，为单目运算符，将变量值加 1。

自减运算：--，为单目运算符，将变量值减 1。

数组(array)：是一组数值的集合，其中的每个数值都由一个索引来识别，同一个数组中所有数值的类型必须相同。

伪随机数：随机产生的一个或一组任意数称为随机数。伪随机数与随机数不同，它看上去是随机产生，但实际上是用确定性的算法计算出的、符合均匀分布且限定在 0～1 的数。

类：是对实体对象的抽象，是对象的模板，是一系列相关变量和方法的集合。

对象：代表现实世界中可以明确标识的一个实体，是类的一个实例。

成员变量：是类中的一个成员类型，在类中表示具有它们当前值的数据域。在现实世界中对应一个对象的属性特征。

数据域：类中也称为成员变量。

成员方法：简称为方法，是类中与成员变量并列的另外一个成员类型，在现实世界中对应一个对象的动作或行为。

类的封装：将较大的复杂程序拆分成多个类，并以不同类的名字命名，这些类之间相互独立。

重载(overloading)：在同一个类中，功能相同，方法名相同，但参数不同的方法。

this：表示当前对象。

包：Java 语言中的一种命名空间机制，关键字为 package。不同的包名表示不同的文件夹，引入包实现类文件的分类管理。

可见性修饰符：用于修饰一个类以及类中成员变量和方法的可访问性而采用的若干关键字。根据访问权限大小的不同，基本可见性修饰符有 public、private、缺省修饰符和 protected 四种。

私有成员：被 private 所修饰的成员类型。某一成员被私有成员所修饰，意味着该成员只能被该类所访问，不能被类以外的成员所访问。

修改器：一种提高私有成员可访问性的成员方法，以 set 开头，加上需要修改的成员变量的名称。通常包含参数列表，其返回值为 void 类型，且与访问器同时定义。

访问器：一种提高私有成员可访问性的成员方法，以 get 或 is 开头，加上需要访问的成员变量的名称。通常没有参数，但有返回值，且与修改器同时定义。

数据域封装：为了提高类中成员变量的安全性，将成员变量用私有成员修饰符修饰的操作性定义。为了提高可访问性，通常需要定义修改器和访问器。

构造方法：与类名相同的一种特殊方法，该方法是在创建对象时被调用的。

静态成员：被 static 修饰符所修饰的成员类型，该成员属于整个类所有，该类的任何一个对象其中的值被改变均会同步影响成员的值。

实例成员：普通的成员变量或成员方法，不被 static 所修饰。

继承：对已有的类进行扩展，从而定义新的类的过程。其关键字为 extends，位于 extends 前面的类为子类，后面的类为父类。

super：父类成员。

protected：一种成员访问修饰符。被该修饰符所修饰的成员除了具有同类和同包访问权限以外，还可以被不同包的子类所访问。

抽象类：被 abstract 关键字所修饰的类。抽象类可以有抽象方法，但抽象方法并不是必需的。

接口：一种与类具有相关性的数据结构类型。在接口中只有常量和抽象方法，没有其他普通的方法。接口只能被接口继承，或者被类所实现。接口支持多重接口继承。

方法重写(overriding)：父类提供了某一方法，子类方法同名且参数相同，但是方法体的具体实现不同的方法。

多态：面向对象三大特性之一，包含方法重写和方法重载两种类型。

异常体系：Java 语言的异常体系由 Error 类和 Exception 类构成，二者的根是 Throwable。

免检异常：Error 类和 Exception 类中的子类运行时异常 Runtime Exception 在定义

方法时是不考虑其异常的。

必检异常：除去 Error 类和 RuntimeException 类以外的异常称为必检异常，通常包括输入输出异常等。

异常语句类型：包括声明异常、抛出异常和捕获异常等。

JSON：全称为 JavaScript Object Notation，是一种轻量级的数据交换格式。该格式的数据包含简单值、数组和对象 3 种类型，核心是数组和对象类型。

XML：W3C 的一种数据标准规范，其全称为 eXtensible Markable Language，该文档采用树状结构表示，其可读性较好，但其冗余性较高。

解析器：处理不同格式文档的特定程序方法。

哈希表：一种存放键值对数据的表示方法，是根据关键字-值(key-value)而直接进行访问的数据结构。

元数据：描述数据的数据。

Web 爬虫：也称为网络蜘蛛。是一种按照一定的规则，自动地抓取万维网信息的程序。

Xpath：由 W3C 指定，是在 HTML/XML 文档中进行寻址的表达式语言。

正则表达式：regular expression，通常简写为 regex，是一个字符串，用来描述匹配一个字符串集合的模式，可用来匹配、替换和拆分字符串。

轴：Xpath 表达式中的一个概念，用于定义当前结点与所选结点的关系。

机器学习：一般指机器学习算法，属于人工智能的一个分支，针对给定的数据集，机器学习算法会学习数据的不同属性，并对以后可能遇到的数据属性进行推断。

数据预处理：对数据进行分析建模前的一项数据清洗过程，往往涉及填充缺失值、剔除异常值、数据转换、数据归约等。

文本挖掘：也叫作文本分析，指的是从文本文档自动提取高质量信息的过程。

称名数据(nominal data)：相互排斥，但不分顺序，如性别、眼球颜色、婚姻状况、汽车品牌等。

顺序数据(ordinal data)：是数据顺序有意义的分类数据，但值之间没有区别，如疼痛程度、学习成绩字母等级、服务质量评级、IMDB 电影评分等。

等距数据(interval data)：具有测量单位，但没有绝对零点，其取值之间的距离可用标准化的单位去度量，操作中不能参与乘除运算。如标准化后的考试分数、华氏温度等。

等比数据(ratio data)：拥有等距变量的所有属性，并且还有明确的“0 点”定义。

词性标注：是根据句子上下文中的信息给句子中每个词一个正确的词性标记，要确定每个词是名词、动词、形容词或其他词性。该过程是文本处理的重要基础。

主题模型：是一种无监督技术，它在文本语料库中寻找模式，采用一种有统计意义的方式识别主题，并组成单词表。

MALLET：一种面对自然语言处理的 Java 机器学习库。

Appendix B

附录 B

文科生如何入门编程

我从 2013 年开始承担管理类本科生“Java 程序设计”的课程教学。一部分学生从中能感受到学习的愉悦感，而更多学生对本课程有畏难情绪。要更好地学习面向对象程序设计，我认为不仅需要教师做到因材施教，同时也需要文科生主动参与进来，对编程课程有正确的认识。

文科生学习面向对象程序设计，至少有 4 方面的作用。

(1) 提升数据素养。长期以来，大学生使用各种信息检索工具以提升信息素养，如今的大数据时代，还需要数据素养。数字时代的数据素养不仅体现在各类信息工具的使用，还体现在针对现实问题运用程序思想构建应用模型的数据分析能力。

(2) 训练抽象逻辑。文科生博览群书，擅于在广泛的资料中萃取信息并形成新的分析框架，记忆联想训练较多，抽象逻辑训练相对欠缺，Java 程序设计在抽象逻辑思维的训练上有一定优势。

(3) 为高阶课程的学习打基础。数字经济时代，大数据、人工智能相关的需求越来越走向常态化，包括机器学习、复杂系统仿真、社会网络分析、自然语言处理等相关的课程知识体系十分丰富，上述许多更高级的课程学习是建立在程序设计实践的基础上的，至少掌握一门面向对象程序设计语言是开展上述课程学习的前提。

(4) 提高自学能力。通过在集成开发环境中运行程序得到的反馈，可以在无须老师指导的情况下及时发现编程错误，进而修正错误。

本文试图从科学知识与社会现实的互动、大脑认知中的智力开发、知识组织的内在逻辑 3 个维度出发探讨程序设计的学习方法，希望有助于提升文科生学习“Java 程序设计”的认知层次，进而吸引更多学生参与到课程学习中来。

1. 科学知识与社会现实的互动——理论 vs 实践

科学知识是对一类现象或实践的概念的系统反映，往往具有抽象性、可泛化性和迁移性特征。狭义的科学知识一般指数理知识，它们尤其能够体现上述特性。构建知识的基本单元是概念，通过引入多个不同的专指概念来刻画某一类现象或实践，进而能够实现准确、简明和系统性地表达知识。以我们熟悉的圆形物体为例，圆的面积是圆周率乘以半径的平方，这一公式揭示了圆面积的求解知识，这里的圆、面积、半径、圆周率都是精准的概念。知识既可能来源于抽象概念或相关原理的深入推导，也可能来源于某些实践的抽象归纳，二者往往存在互动关系。现象或实践具有个案性、零散性、多变性，而知识则表现为普适性、系统性、相对稳定性。例如，台灯、茶杯、水壶、烟囱都是现实世界中的类圆物体，而圆则是一个抽象的概念，是对前述众多变化的类圆物体的统一抽象刻画；与此同时，圆的面积求解不会因为时代的变化而改变。从这个意义上说，类圆物体和圆分别体现了实践现象和抽象概念的差异。在 Java 程序设计中，“类”表现为知识单元中的抽象概念，“对象”所描述的实体则表现为实践。

2. 大脑认知中的智力开发——抽象逻辑 vs 记忆联想

知识是人们在改造世界的实践中所获得的认识和经验的总和。人的大脑在幼年时期惯于形象思维，幼年时期更多时候习得的是经验知识，记忆和联想是形象思维的重要体现。不同于实践中的经验知识，科学/理论知识更多地体现为概念及其关系，其认知比经验知识更加复杂。理论知识是知识的高级阶段，最能体现知识的特性。按照默顿的定义，理论是指在逻辑上相关联并能获得实证性验证的若干命题。好的理论往往将所要解释的现象中最相关的概念，以符合逻辑的方式组织在一起，清晰地表达出概念之间的关系。从这个意义上说，理论知识是对一类现象的概念化处理，对于复杂的概念关系会呈现出内在逻辑，甚至反映出函数式特征。正因此，学习科学知识既离不开记忆和联想智力，更需要抽象和逻辑智力，二者不可分割。从幼儿园到大学，知识越来越抽象和理论化，反映了学习知识由实践认知、以形象思维为主向理论认知、以抽象逻辑思维为主的转变过程，因此，抽象和逻辑思维越强越有助于知识的高效吸收。数学、计算机等理科知识是建立在符号语言基础上的，更体现为抽象和逻辑。文科生学习程序设计课程，需要认识到抽象逻辑思维和记忆联想智力在学习不同类型课程中的差异，进而有意识地在实践中平衡发展。

3. 知识组织的内在逻辑——核心与边界

知识离不开理论和实践的双向交互。正如一个科学知识模块的内在逻辑往往由“现象或实践——概念定义——原理——实例——适用范围”5 部分组成。作为知识模块的中心，原理往往体现了多个概念之间的逻辑关系。概念是对现象或实践的抽象，概念一方面反映了由现实观察到概念认知层面的转换，另一方面为后续揭示原理内涵作铺垫。鉴于原理相对抽象和复杂，往往需要实例增进理解。从原理到实例，体现了知识的演绎过程；反过来，从实例上升到原理，则体现了知识的归纳过程。与理论抽象不同，实例往往依托情境案例，有助于从抽象逻辑空间降维到形象思维空间促进理解，但也正是因为个性化的情境，实例往往不能全面、精准且简明地反映知识本质。正如，以茶杯、台灯、烟囱这些经验性观察来学习圆的概念，可以知道圆大概是怎样的，甚至能够临摹出一个类圆，但却不能实现圆的精准定义。相关工程师若依托有关临摹作品去做一个高铁上使用的螺丝，往往因不够严谨而面临安全风险。但是，通过定点到等距离的点的集合来定义圆，则可以实现精准化定义，进而可以将其应用于众多实践领域。总之，从概念定义到原理揭示，是科学知识的核心内容，犹如汽车零件到汽车整体，体现了科学知识的系统性和相对稳定。尽管如此，许多科学知识具有适用范围，超过了临界条件，有关的规律性结论就失效了。

因此，明确理论知识的适用范围尤为重要。

学习 Java 程序设计要注重把握整体知识体系和各章要点，按照知识闭环进行学习。首先，Java 程序设计的核心知识体系包括本书前 10 章的内容；其次，每一部分需要在讲授的基础上梳理概念、原理和边界条件；最后，要通过上机实践强化知识点及其实践运用。

本书力求通过相对简明的例题让更多文科生轻松入门，做到循序渐进，尽量避免采用理工类教材中复杂的抽象实例或数学题目。教学互动中发现，案例和类比更能受到学生的欢迎。但同学们要看到，从个案或实例中归纳一般性规律的学习方式本身没有形成抽象普适的概念方法体系，最终学得的知识的迁移性较差。从这个意义上说，课堂案例、网络慕课、B 站等平台通过动画、图像、实例等教学手段确实有助于理论的学习，但要准确地把握概念乃至知识原理，仍然不能忽视概念和原理本身的学习。为了达到这一目标，需要一定量的习题和上机实践来加深概念理解。

从学生角度看，学习程序设计力戒“多、快、粗、浅”，须坚持“少、慢、精、深”的原则。这四字诀是复旦大学数学学院李大潜院士面向数学专业的同学总结提出的，它同样适用于文科生学习编程。

“少”要求尽量反复研读一本教材。实践表明，在没有形成基本知识体系的情况下进行多种教材的研讨性学习往往是低效的，高质量的质疑往往是以一定的知识体系为前提的。而且，在“广看”的投入上多了，在练习和上机等“歼灭”某一具体知识方面的时间必然就少了。

“慢”体现在按部就班，逐层递进。程序设计课程体系存在链式特征，缺失中间一环后续相关章节就不易学习。在具体一章中，按照“概念——方法/原理——实例与上机——适用范围”的知识闭环完整做到，特别不能忽视适用范围。例如，在“方法”一章的学习中，通过概念学习和上机实践后，不妨反思方法中参数的适用范围——方法中的形式参数与变量声明有何区别？在对数据域的封装中，思考方法的封装、类的封装和数据域的封装有何区别？为什么使用有关封装？在“继承”一章多态的学习中，方法的重载和重写有何联系与区别？其概念和方法的适用条件又是什么？如果能够进一步通过上机去观察实例中的表现，修改和调试有关代码，将有利于牢固掌握相关知识体系。实践表明，理论上懂了未必能在实践中熟练运用，大量上机既有助于了解丰富实例，还能够更深理解概念和原理。

“慢”要求保持专注。同学们针对知识短板需要投入更多精力开展“歼灭战”。趁热打铁、集中精力连续学习往往比分散学习要好得多，这要求文科生在一定时期内能稳定地投入时间和专注力。提升专注力有很多方法，保持生活简单是其中一种，对于社团活动和各类任务很多的文科生来说，适当放弃低质量的活动有助于提高专注力；将编程练习与自我生命历程、生活趣味或专业提升相关联；通过激发内在兴趣同样能够提升专注力，如制定具有自身专业特点的数据分析应用实践目标不失为一种方法。

此外，要善于利用高校集体学习环境打造第二课堂。鉴于程序设计课程具有广泛性，学习资料、网络平台和知识群体十分丰富，同学们可充分利用线上、线下方式开展自学，以突破课堂教学时间的限制。这些方法包括：(1)运用腾讯课堂将知识通过网络录屏讲出来，以准教师身份分发给学习伙伴听，通过交互提升能力；(2)访问MOOC网站，获取同类优质课程，拓展视野；(3)访问CSDN、百度等知名网络社区，针对实践疑难第一时间求教于线上编程爱好者等。

总之，通过"少""慢"才有助于达到"精""深"的目标。一句话，Java程序设计(面向对象程序设计)并不是一门特别难学的课程。文科生只要改变观念并发挥能动作用，通过适合的教材、及时的教师引导，主动的上机实践，参与第二课堂等多维保障，做到有目标、勤上机、有耐心，是可以取得明显效果的。除了课程知识本身的收获以外，增强抽象逻辑思维能力、为更高阶的课程学习打基础是学习程序设计知识的副产品。

参考文献

[1] 梁勇. Java语言程序设计与数据结构(进阶篇)[M]. 戴开宇,译. 原书第11版. 北京: 机械工业出版社,2018.

[2] DOWNEY A B. 像计算机科学家一样思考Java[M]. 滕云,周哲武,译. 北京: 人民邮电出版社,2013.

[3] SHAMS R. Java数据科学指南[M]. 武传海,译. 北京: 人民邮电出版社,2018.

[4] 陈国君. Java程序设计基础[M]. 7版. 北京: 清华大学出版社,2021.

[5] 张海涛,李建东. 机器学习入门与实战: 基于scikit-learn和Keras[M]. 北京: 电子工业出版社,2021.

图书资源支持

感谢您一直以来对清华版图书的支持和爱护。为了配合本书的使用，本书提供配套的资源，有需求的读者请扫描下方的“书圈”微信公众号二维码，在图书专区下载，也可以拨打电话或发送电子邮件咨询。

如果您在使用本书的过程中遇到了什么问题，或者有相关图书出版计划，也请您发邮件告诉我们，以便我们更好地为您服务。

我们的联系方式：

地　　址：北京市海淀区双清路学研大厦 A 座 714

邮　　编：100084

电　　话：010-83470236　010-83470237

客服邮箱：2301891038@qq.com

QQ：2301891038（请写明您的单位和姓名）

资源下载：关注公众号“书圈”下载配套资源。

资源下载、样书申请

书圈

图书案例

清华计算机学堂

观看课程直播